室内设计
手绘表现技法

贺思英　杨悦 / 编著

化学工业出版社
·北京·

内容简介

本书首先介绍了室内设计手绘表现的类型、工具与材料；然后介绍室内设计手绘表现的基本技法，包括透视画法、线稿表现、上色表现，从家具单体到空间组合，循序渐进；最后通过案例展示室内设计手绘表现的实践，向读者展示了现代中式风格、欧式风格、现代轻奢风格三大主要室内空间风格的方案设计。书中不仅讲解了手绘技法，还介绍了室内空间设计的基础知识，读者还可以通过扫描书中二维码观看手绘过程教学视频。

本书可作为环境艺术设计、建筑装饰和建筑室内设计等专业的教材，也可供室内设计相关专业的学生和教师，以及对手绘和室内装饰感兴趣的读者阅读参考。

图书在版编目（CIP）数据

室内设计手绘表现技法 / 贺思英，杨悦编著. -- 北京：化学工业出版社，2023.11
ISBN 978-7-122-43987-1

Ⅰ. ①室… Ⅱ. ①贺… ②杨… Ⅲ. ①室内装饰设计-绘画技法-高等学校-教材 Ⅳ. ①TU204

中国国家版本馆 CIP 数据核字（2023）第 151591 号

责任编辑：毕小山　　装帧设计：对白设计
责任校对：刘曦阳

出版发行：化学工业出版社（北京市东城区青年湖南街 13 号　邮政编码 100011）
印　　装：北京尚唐印刷包装有限公司
787mm×1092mm　1/16　印张 13　字数 225 千字　2024 年 1 月北京第 1 版第 1 次印刷

购书咨询：010-64518888　　售后服务：010-64518899
网　　址：http://www.cip.com.cn
凡购买本书，如有缺损质量问题，本社销售中心负责调换。

定　　价：69.00 元

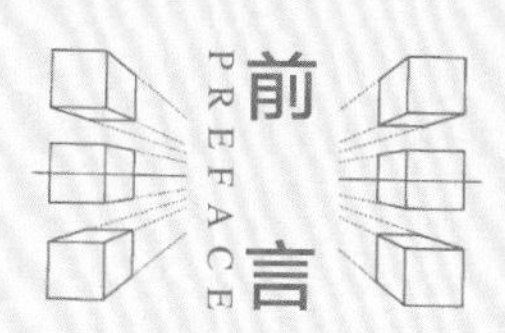

在室内设计中，构思分析和灵感创意是设计过程中必不可少的核心环节，而这些环节的表达都是从手绘开始的。也可以说，所有的创意构思都离不开手绘的表达。

手绘表现是目前各大高校设计专业开设的必修课程，也是一门实践性很强的课程，是环境艺术设计专业、建筑装饰专业和建筑室内设计专业学生必备的专业能力之一。

本书整体框架结构和内容体系的确定，主要是以编者多年的课堂教学实践经验和学生的反馈为基础，并遵循在实际设计表达中能够高效实用的原则。书中整理了丰富的手绘表现资料和课堂教学实例，在知识拓展部分详细剖析了初学者学习手绘过程中需要掌握的各个细节和可能遇到的各种问题，力求细致深入、浅显易懂。

本书知识结构清晰，讲解由浅入深，案例细致深入，还配备了详细的教学资源库。读者扫描书中的二维码，即可观看配套教学视频，有助于读者更全面地掌握手绘技能。同时设置了“知识链接”版块，对书中内容进行有益补充，增进本书的参考性和实用性。

本书编写的目的是希望在室内设计手绘表现的教学过程中能立足于实践操作能力的培养，以读者为本，注重“教”与“学”的互动。以“坚定文化自信，传承匠心之美”的课程价值观为主线，将价值塑造、知识传授和能力培养三者融为一体。

本书是由广西农业职业技术大学贺思英、杨悦编著。其中贺思英编写了第1章至第8章第3节，杨悦编写了第8章第4节。书中图片主要是编者近年的教学示范案例和学生优秀作品。

由于编者水平有限，书中难免存在不足之处。恳请读者朋友多提宝贵建议，以便后期进一步修改完善。

编　者

2023年4月

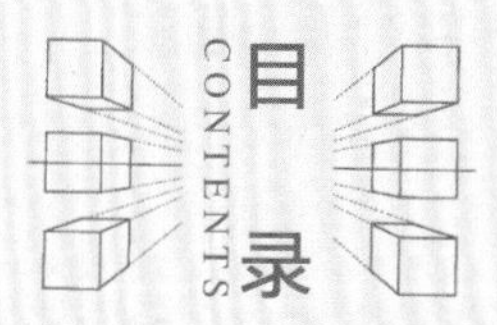
目录
CONTENTS

第1章

手绘表现技法概述

本章重点

了解学习手绘的作用。

了解手绘效果图的表现类型。

学习目标

熟悉手绘表现技法的种类。

掌握手绘表现的学习方法。

熟悉常用手绘表现的工具与材料。

根据要求准备手绘表现的工具与材料。

（扫码观看本章视频）

1.1 以正确的态度认识手绘

通过多年的教学，编者发现目前学习手绘的人大致可分为以下三类。

第一类：了解手绘的作用并有很强的学习欲望，踏踏实实学习，为以后的设计工作或者考研做准备。

第二类：把手绘当成绘画作品，但不了解手绘的真正作用，只是因为好看、感兴趣而想要学习。

第三类：觉得手绘不重要，或者说根本不知道学习手绘要用来做什么，看到其他人学习就跟着学习，思想还处在迷茫状态。

其中，第一类相对较少，第二类居中，第三类最多。

其实，包括编者自己在内，刚接触手绘的时候也有过迷茫期。这种迷茫至少持续了一学期之久，甚至在学习的过程中走了很多弯路。但是，随着时间积累和不断地思考、研究，编者最终找到了学习手绘的正确方法，也明白了学习手绘的意义。

在这里，编者想对还在为此迷茫的人们说：手绘是有用的，甚至是不可或缺的！只不过因为当今计算机功能日益强大，使它由原来的“台前”慢慢转向了“幕后”。人们只看到了逼真的计算机效果图生动地呈现在甲方手里或者投标方案展示的舞台上，却忽略了在这之前就是因为有那一张张的手绘草图，从模糊到清晰、从概念到深入，一步步地设计成型，才有了后期计算机效果图的细节展示。手绘体现设计师对形体和色彩的理解，是设计基本功之一，因此设计专业研究生的入学考试都设置了手绘快题这项内容。如果手绘不再引起大家的重视，那么每年也不会有诸多手绘赛事供大家积极参与。

可以说，手绘的作用并没有减弱，只是换了一种形式来面对大家，由原来绘制得很细致的工程效果图转换成了设计草图（也可称作快速表现）。设计草图作为一种表达设计的手段，属于设计前期的部分，它能够形象而直观地表达空间结构关系和整体环境氛围，是一种具有很强艺术感染力的设计表达方式。同时也为设计师提供了迅速捕捉、激发思维灵感的可能性，是手与脑配合不可或缺的过程，也是每一位从事设计的工作者和在校学生应该掌握的一项技能。这也是当今很多知名设计公司还在坚持以手绘表现方案进行交流的原因。

1.2 手绘效果图的表现类型

根据使用工具的不同，手绘效果图表现类型主要有：钢笔表现、水彩表现、水粉表现、喷绘表现、马克笔表现、彩色铅笔表现等。

1.2.1　钢笔表现

用针管笔、签字笔、美工笔绘制纯线描或有明暗调子的作品（图1–1~图1–3）。

图1–1　钢笔表现建筑写生一（作者：杨悦）

图1-2　钢笔表现建筑写生二（作者：杨悦）

图1-3　钢笔建筑表现（作者：贺思英）

1.2.2　马克笔表现

马克笔属于快干、稳定性高的手绘表现工具，有非常完整的色彩体系供设计师选择。由于马克笔的颜色比较固定，能够快速地表现出设计师所预想的效果，因此在设计中被广泛运用（图1–4）。

图1–4　马克笔表现（作者：贺思英）

1.2.3　彩色铅笔表现

彩色铅笔（简称“彩铅”）的优点是颜色可以来回叠加，颜色过渡自然、丰富，不易画坏，对于初学者比较实用。不足之处是色彩不够紧密，不易画出比较浓重的色彩，并且不易大面积涂色（图1–5）。

图1–5　彩铅表现（来源：纯粹手绘）

1.2.4 水彩表现

水彩画是以水为媒介，调和专门的水彩颜料进行艺术创作的绘画。水彩表现是建筑画法中的传统技法，是很多世界著名设计大师所热衷的表现方法，因为它具有其他画种所无法比拟的奇妙效果，具有明快、湿润、水色交融的独特艺术魅力（图1–6~图1–8）。

图1–6　水彩表现一（作者：贺思英）

图1–7　水彩表现二（作者：贺思英）

图1–8　水彩表现三（作者：贺思英）

1.2.5 水粉表现

水粉表现的特点是可以利用小排笔模拟马克笔的笔触，用水粉颜料表现出马克笔的效果，颜色由浅入深，逐步刻画，即使有画坏的地方也可以随时修改（图1–9）。

图1–9 水粉表现

1.2.6 喷绘表现

喷绘是用喷笔及压缩泵充气喷色的一种表现方法。先完成底稿，再用透明模板遮挡，然后进行喷绘。其特点是色彩表现柔和，明暗层次细腻自然，且喷的遍数越多色彩越丰富。在喷绘过程中要注意控制好喷笔与画面的距离。喷绘完毕后，要将喷笔清洁干净，以免下次使用时堵塞（图1–10）。

总结：手绘与计算机制图是两种不同的表现手段，各有所长，在技法的使用上应发挥各自优势。表现技法的发展与工具和技术的进步息息相关。随着信息技术、触屏技术和智能手机技术的发展，计算机制图与手绘技法有相互融合的趋势。

图1–10　喷绘表现

1.3　手绘表现工具与材料

1.3.1　常用线稿工具与材料

（1）铅笔

铅笔分为普通铅笔和绘画铅笔，铅笔的特点是有软和硬的区分。H表示硬度，B表示软度。硬度H1~H6，数字越大，硬度越强，颜色也越淡。手绘常选择HB和2B铅笔（图1–11）。

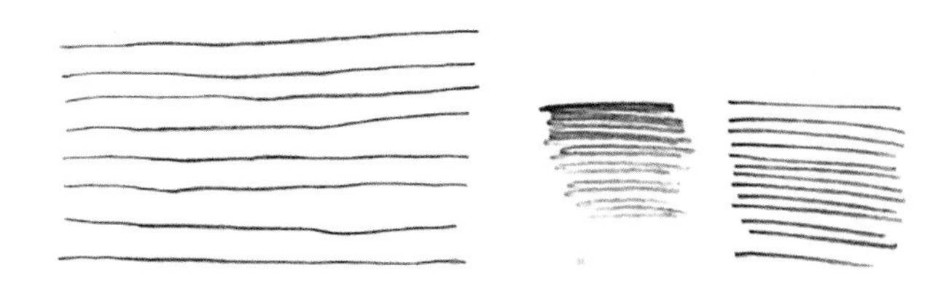

图1–11　铅笔及其线条

（2）橡皮

与铅笔的规格设置相似，不同数字代表了橡皮的不同硬度。一般来讲，在橡皮规格中字母一致的情况下，数字越大则表明橡皮越软。也就是说，同是字母B，数字为4的橡皮比数字为2的橡皮要软很多。在手绘使用上，建议初学者选用4B橡皮（图1–12）。

图1–12　橡皮

（3）墨线笔

①钢笔：钢笔线条干脆利落、效果强烈，但不能拭擦，因此在下笔前要仔细观察表现对象，做到胸有成竹、一气呵成。

②美工笔：笔头弯曲，可画粗细不同的线条；书写流畅，适用于快速勾画草图或方案。

③直液性走珠笔：采用直液式控墨系统，供墨稳定流畅，墨水浓度高，字迹清晰，不易挥发（图1–13）。

（4）尺规

常用的尺规有直尺、三角板、比例尺、圆形模板尺等（图1–14）。

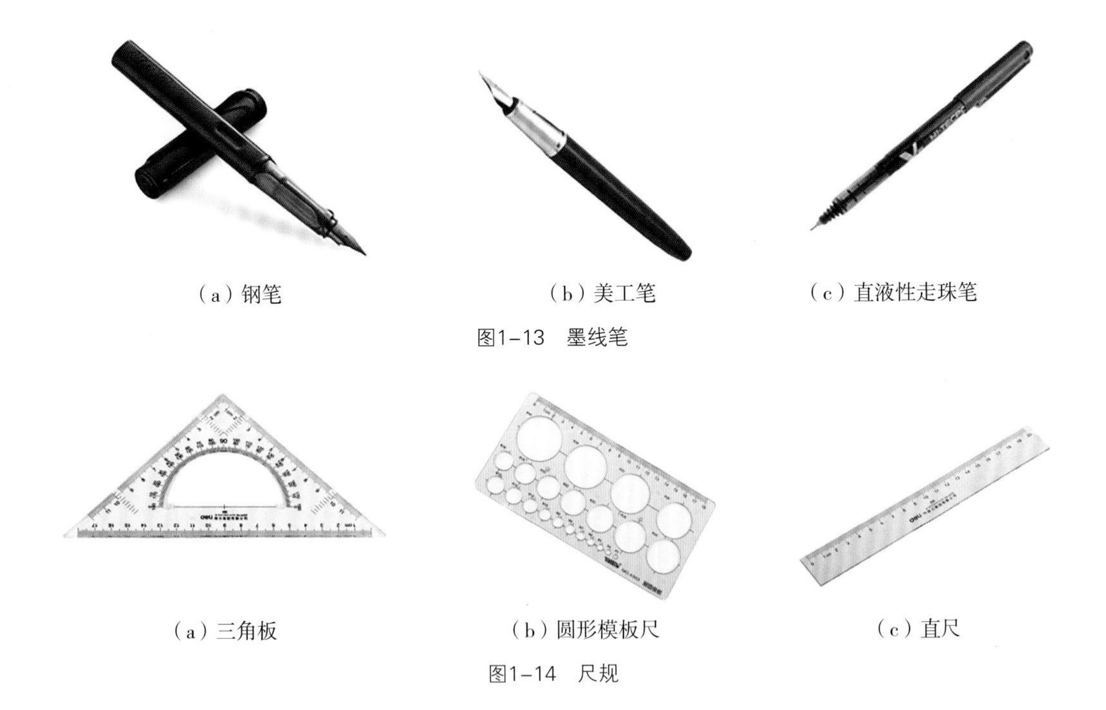

（a）钢笔　（b）美工笔　（c）直液性走珠笔

图1–13　墨线笔

（a）三角板　（b）圆形模板尺　（c）直尺

图1–14　尺规

（5）针管笔

针管笔分为两种：金属针管笔和一次性针管笔。

金属针管笔的笔尖较细，线条细而有力，有金属质感和力度，耐用不变形，适用于精细手绘图；缺点是不够滑，有点刮纸，容易漏墨。

一次性针管笔的特点：重量轻，方便携带，无需填充墨水；手感好，墨水充沛，笔头不容易内缩；缺点是价格较贵，使用周期短。

在设计制图时至少应准备粗、中、细三种不同型号的针管笔（图1–15）。

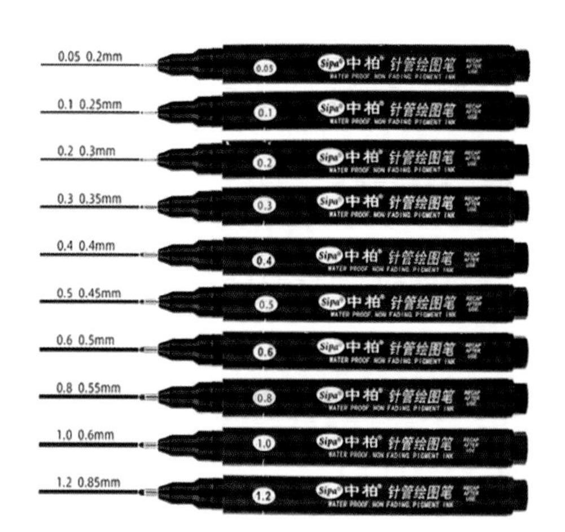

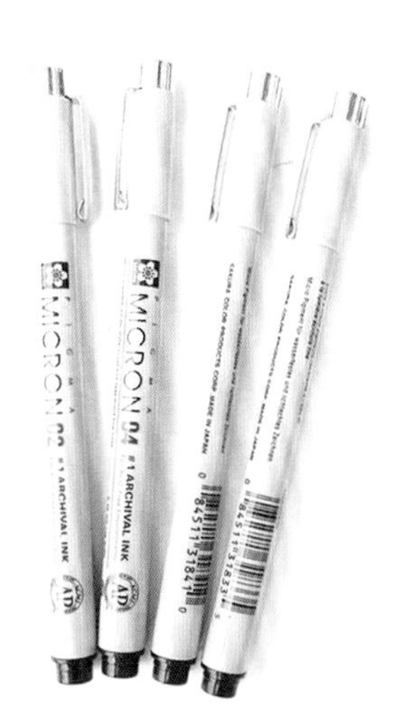

图1–15　一次性针管笔

1.3.2　常用上色工具与材料

1.3.2.1　上色笔

（1）马克笔

笔头形状多样，可画细线、粗线，色彩丰富，笔触明显，速干。马克笔颜料易挥发，主要用于一次性的快速绘图。常使用于设计物品、广告标语、海报绘制或其他美术创作等场合（图1–16）。

室内设计手绘表现常用的马克笔品牌有Touch、尊爵、斯塔等。

（2）彩色铅笔

彩色铅笔分为油性和水性两种，色彩丰富，笔质细腻。

水性彩铅可以在绘画后，用毛笔蘸水画出水彩的效果，有种薄薄的、粉粉的感觉。油性彩铅有种油油亮亮的感觉（图1–17）。

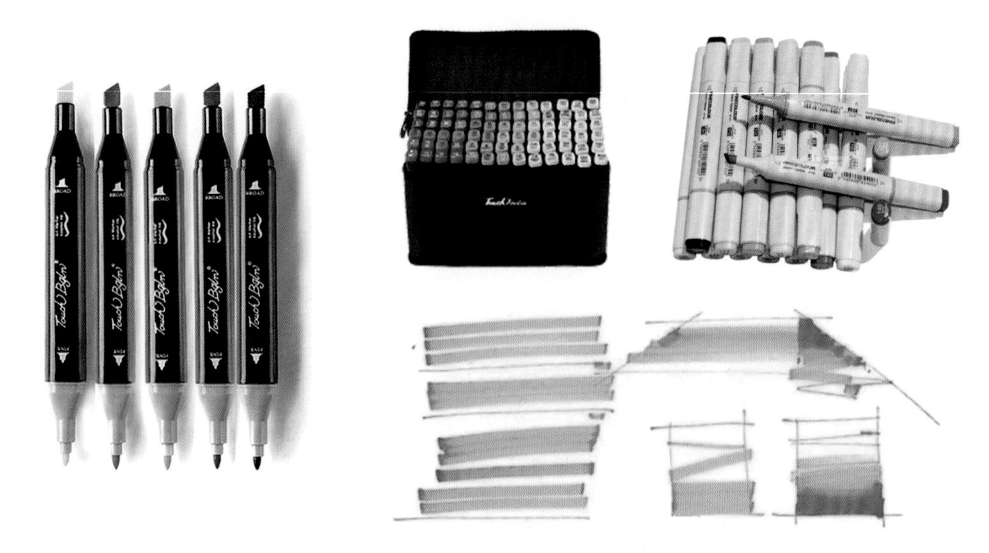

图1-16　马克笔

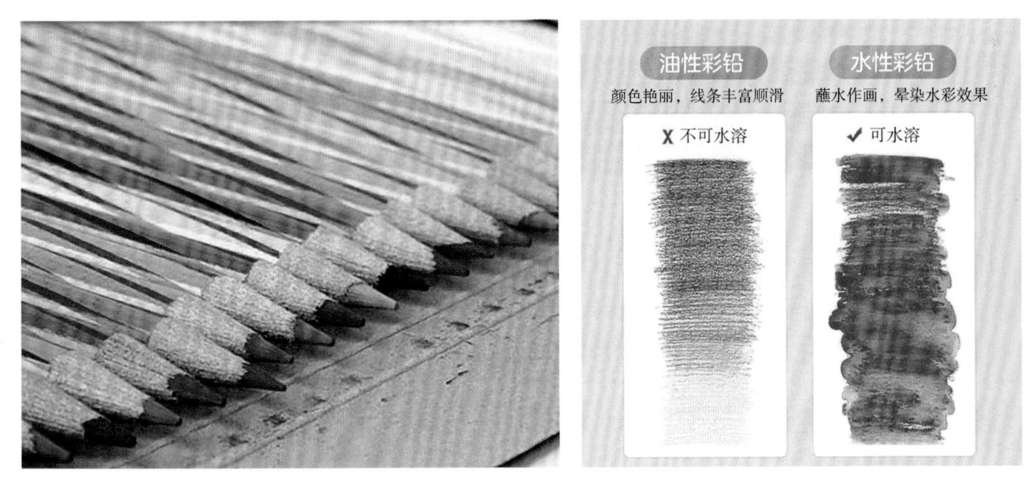

图1-17　彩色铅笔

1.3.2.2　纸

（1）复印纸

复印纸采用原浆纸制作，其特点是触感十分绵软，携带方便（图1-18）。

（2）硫酸纸

具有纸质纯净、强度高、透明度好、不变形、耐晒、耐高温、抗老化等特点，在手绘草图设计阶段经常会用到（图1-19）。

（3）水彩纸

吸水性较好，表面不光滑，纸质结实耐擦。有粗纹、中粗纹、细纹的区分（图1-20）。

（4）**素描纸**

表面粗糙不平，有利于附着铅笔画出的线条（图1–21）。

（5）**速写纸**

比较光滑、轻薄的纸张，速写的时候比较流畅。一般会装订成速写本，方便携带。

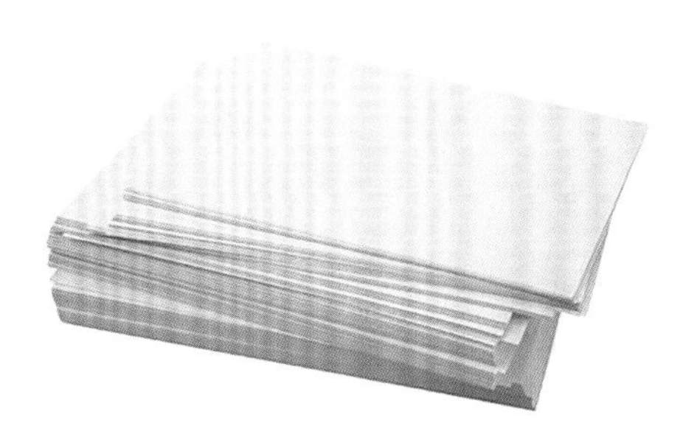

图1–18　复印纸

（6）**马克笔专用纸**

马克笔专用纸比较厚且光滑，显色会比普通纸好（图1–22）。

图1–19　硫酸纸

图1–20　水彩纸

图1–21　素描纸

图1–22　马克笔专用纸

1.4　对初学者学习手绘的一些建议

初学者在刚刚接触手绘训练的时候，由于对专业知识不了解，因此往往会出现很多认识上的问题。例如，有的人用图面画得漂不漂亮来衡量手绘作品的好与坏；有的人则用笔触画得帅不帅气作为自己学习的标准，觉得好的就拿过去拼命地临摹，觉得不好的看也不看。以自己的主观判断去进行模糊的训练，其结果可想而知，那就是学了很长一段时间并没有得到应有的效果，导致最后信心全无直至放弃。

手绘的好与坏不能只用“漂亮”“帅气”等标准来衡量，因为它不是艺术作品，重点不是单纯的画面效果，而是画面里的内容表达得是否清楚。衡量一张手绘效果图的好坏主要有3点：①空间透视是否准确；②空间尺度和位置安排是否精准；③造型结构是否清晰。

本章小结

本章介绍了学习手绘的正确方法；简单介绍了手绘效果图的表现类型和常用工具，有助于学习者掌握不同工具的表现步骤和特点，并选用合适的工具进行手绘表现，指明了学习室内设计手绘表现的意义和注意事项。

思考与练习

①学习室内设计手绘表现有什么意义？

②手绘效果图表现与计算机效果图表现各有什么优势与不足？

③如何理性看待手绘效果图表现与计算机效果图表现？

第2章

室内透视快速画法

本章重点

理解一点透视和两点透视的规律，通过练习掌握方盒子的一点透视和两点透视画法，并且能将方盒子转化成一个个单体家具，适当加入明暗调子，为下个阶段练习打下坚实的基础。

学习目标

了解透视基本原理，掌握一点透视图的类型、特点与选择。拥有基本的绘图能力，如绘制一些基础几何体。能运用透视原理将几何体转化成室内单体家具。能表现出单体家具空间体积与基本光影变化。学会变通、举一反三，具备挑战难题的勇气和创新精神。

（扫码观看本章视频）

2.1 室内一点透视画法

一点透视又叫平行透视。简单来说，物体的一个主要面平行于画面，其他面都垂直于画面，斜线都消失在一个点（灭点）上，这样的透视就是一点透视，如图2-1所示。在进行一点透视绘图时，要记住一点：所有横线都要平行，所有竖线都要垂直，所有有透视的斜线都相交于灭点。

图2-1 隧道一点透视

2.1.1 立方体一点透视画法

立方体一点透视的绘制步骤如下。

①根据一点透视的规律，在画面中心确定一个灭点和基准面，从灭点引出四条线，同时四条线要通过基准面的四角，由此一个有透视效果的室内空间形成（图2-2）。

②绘制辅助线，在不同平面上画出透视面，为不同位置立方体的绘制打下基础（图2-3）。

③给空间中的各面添加厚度，注意与基准面平行的各面要遵循横平竖直的规律，与基准面垂直的面侧边线交于一个灭点。由此形成空间中不同位置的立方体（图2-4）。

④最后用墨线笔绘制立方体，将辅助线擦除，深入理解一点透视的规律（图2-5）。

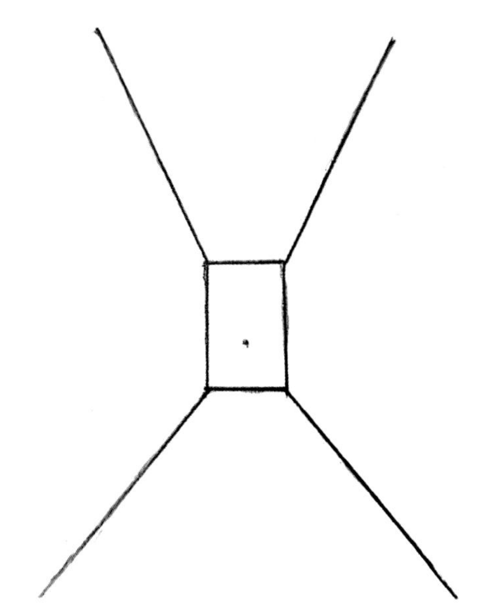

图2-2　确定灭点和基准面（作者：贺思英）

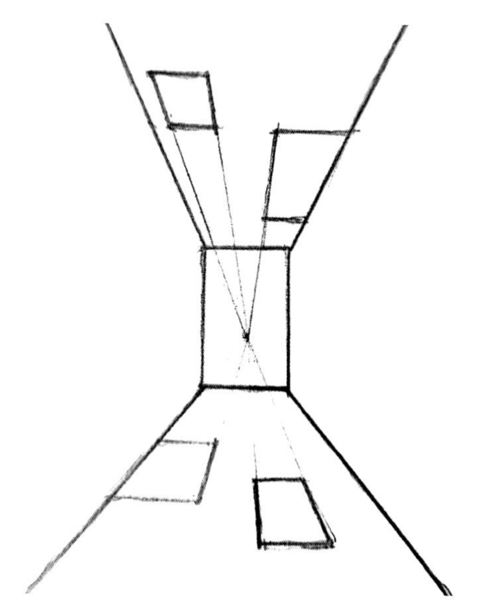

图2-3　绘制辅助线与透视面（作者：贺思英）

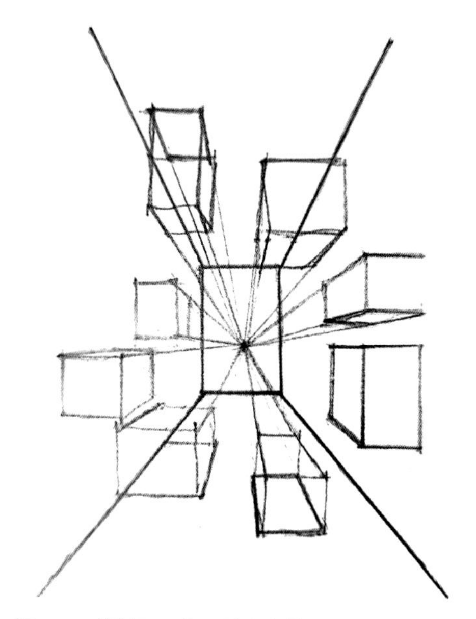

图2-4　绘制不同位置的立方体（作者：贺思英）

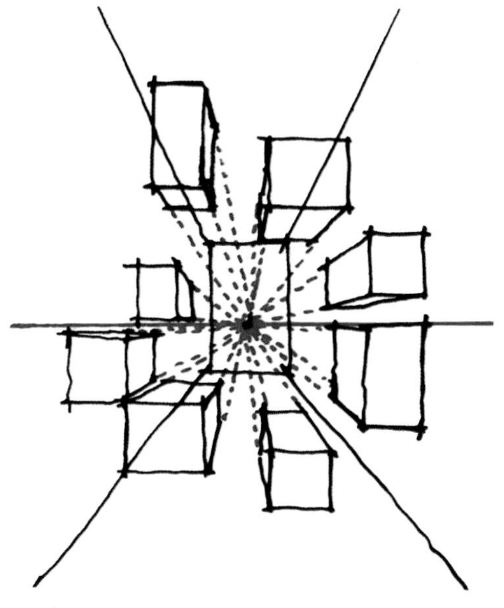

图2-5　用墨线笔绘制立方体

知识链接

空间中除了水平线和垂直线与画纸四周保持着平行关系之外，其余的线条（红线部分）完全消失在视平线上的灭点中。

2.1.2 单体家具一点透视画法

（1）单体家具一点透视绘制步骤

单体家具一点透视绘制步骤如下。

①将复杂的物体理解概括成空间中的立方体（图2–6）。

②用铅笔将立方体转化成单体家具，如沙发、柜子、椅子等（图2–7）。

③用墨线笔适当加入线条表达明暗，使形体看上去结实、完整，有厚重感（图2–8）。

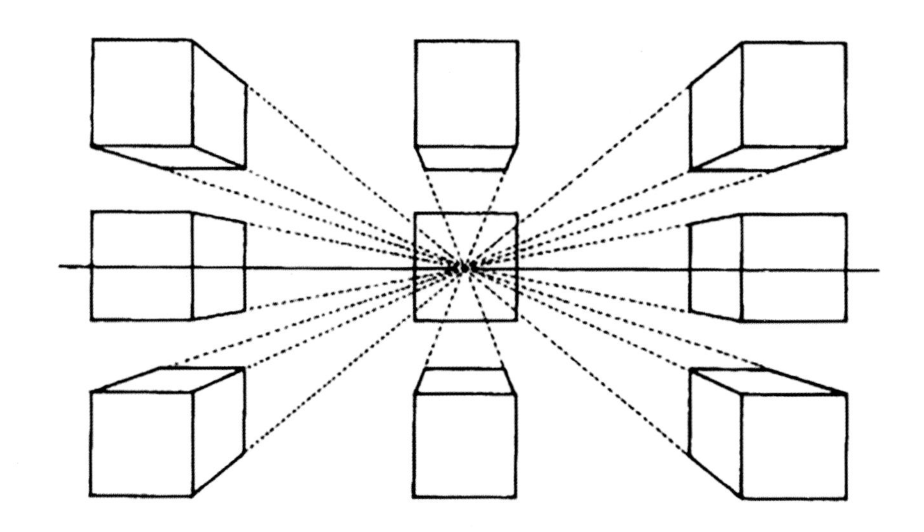

图2–6 将物体概括为空间中的立方体

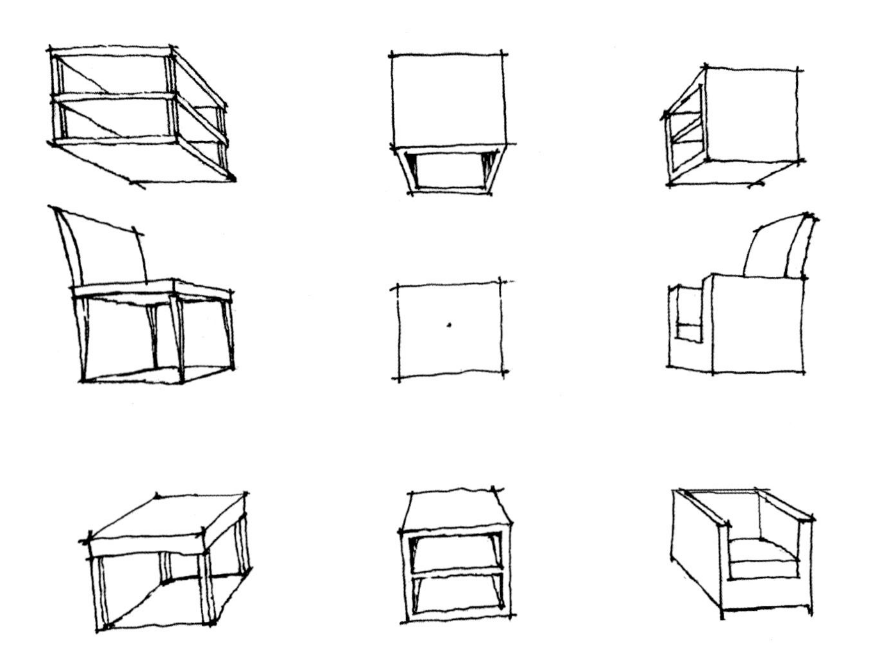

图2–7 将立方体转化为单体家具（作者：贺思英）

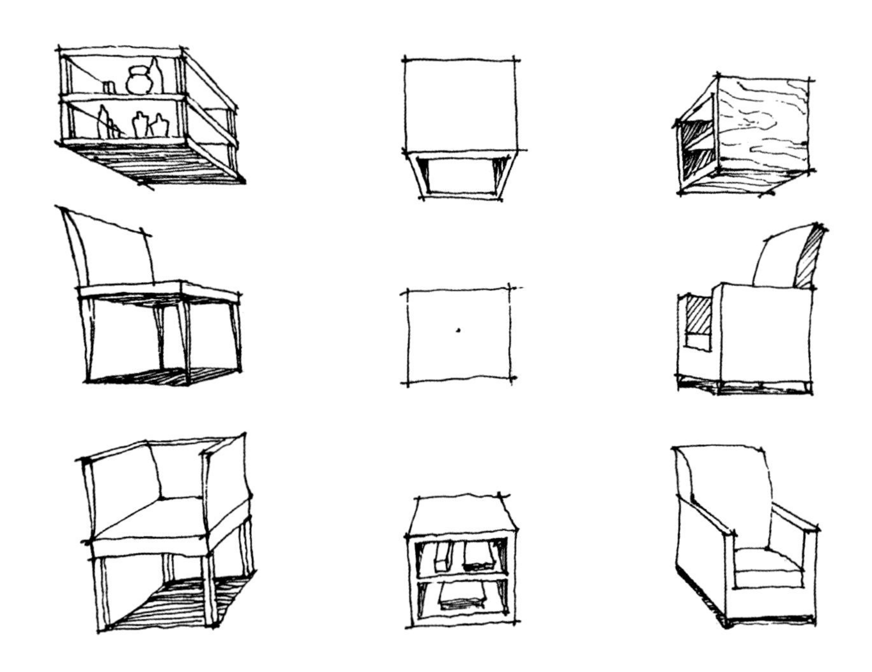

图2-8　用墨线笔加入线条表达明暗（作者：贺思英）

（2）一点透视的基本特征

①近大远小，近高远低。

②画面中只有一个灭点，有较强的纵深感（图2-9）。

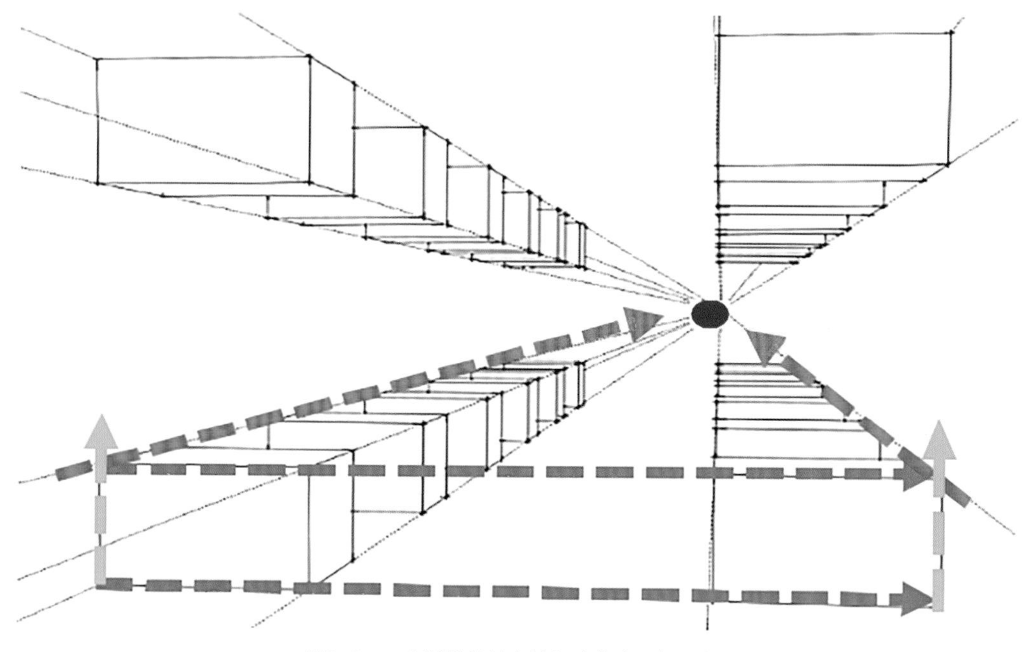

图2-9　一点透视的基本特征（作者：贺思英）

（3）一点透视的构图特点

①优点：整齐对称、庄重严肃、一目了然、平展稳定、层次分明，场景深远。

②缺点：呆板不生动，较大场景易失真，与真实效果有一定差距。

（4）一点透视的绘制要点

①理解一点透视的基本规律，对于初学者来说，开始练习的时候应借助辅助线找对灭点。

②简单概括形体，省略里面的框架，以少胜多。

③几何体绘制过程中，与画面平行的面横平竖直，与画面垂直的面边线交于一个灭点。

2.1.3 卧室一点透视画法

2.1.3.1 任务描述

依据宿舍平面布置图（图2-10），利用尺规和基本辅助线进行室内场景一点透视绘制。宿舍室内净高2800mm，为了便于快速找到物体的正投影和相对位置，可以先把平面图分割成9份网格（也可更多份）。

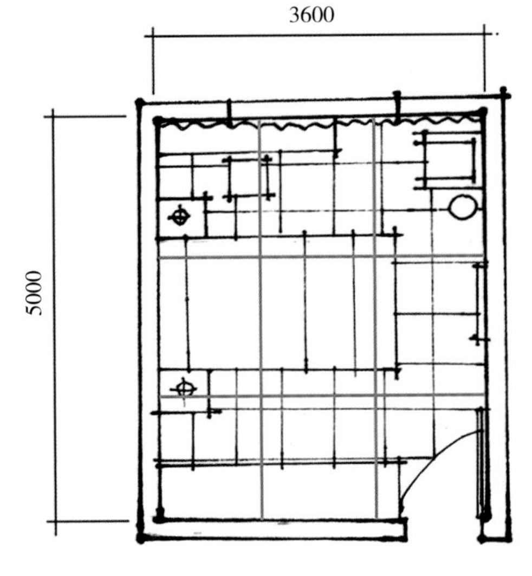

图2-10 宿舍平面布置图（作者：贺思英）

2.1.3.2 学习目标

知识目标：具有一定的空间感悟能力，能够有效依据平面图选择透视图的绘制视角。

能力目标：具有一定的逻辑思维能力，能够将二维平面图像转换成三维立体空间图像；具有一定的尺规操作能力，能够正确按照快速透视画法的步骤绘制透视图。

思政目标：坚定文化自信，传承匠心之美。

2.1.3.3 任务实施

（1）绘图前准备

①挑选一个带有平面图的规整卧室或客厅空间。

②准备好A4复印纸、绘图铅笔、针管笔（或钢笔）、三角板、丁字尺或一字尺。

③引导问题一：空间的开间、进深和净高是什么？如何在绘制中确定开间、进深和净高？

④引导问题二：如何确定视平线和视角?

（2）绘图步骤

①确定画面基准面，即画面的范围（一般画矩形）。以1200mm为单位标记刻度（本平面图宽3600mm，可分三份）（图2–11）。

②确定视平线、灭点，拉出4条墙角线。视平线一般取基准线上方1.4~1.6m，即画面中间偏上位置（图2–12）。

③确定房间进深：在视平线上确定*m*点，一般定在画面边线旁。*m*点的确立要考虑画面构图需要，使构图饱满美观，离画框太近或太远都会使画面失真。然后在基准线上画出5m长的房间进深参考点。为方便理解可以将进深划分成5等份，这里为了做图需要，仅划分为3等份；连线确定平面图中的地面网格线（图2–13）。

④根据地面网格线快速确定主要家具的地面投影（图2–14）。

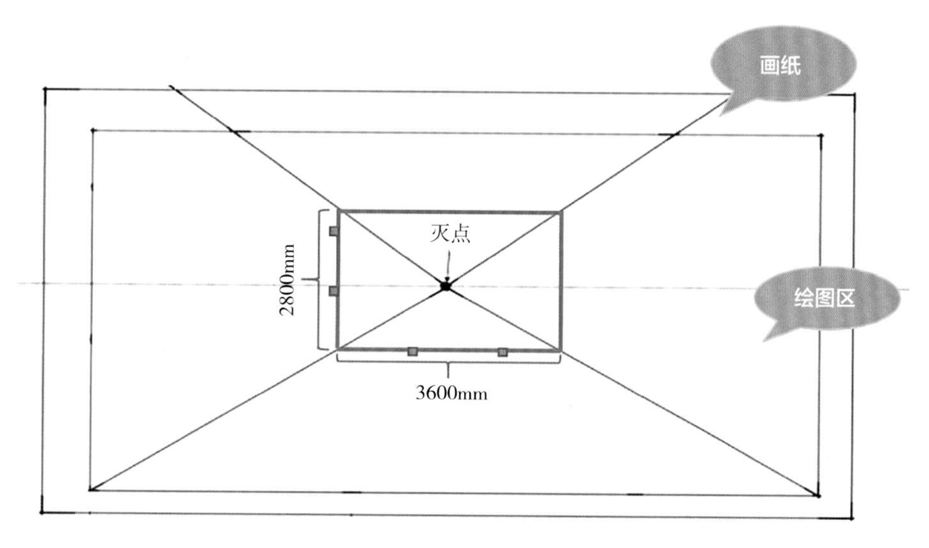

图2–11　室内一点透视快速画法步骤1（作者：贺思英）

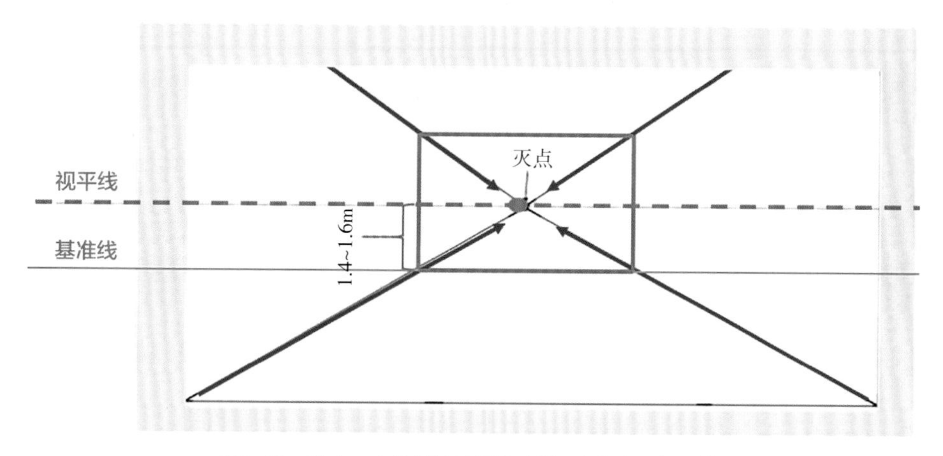

图2–12　室内一点透视快速画法步骤2（作者：贺思英）

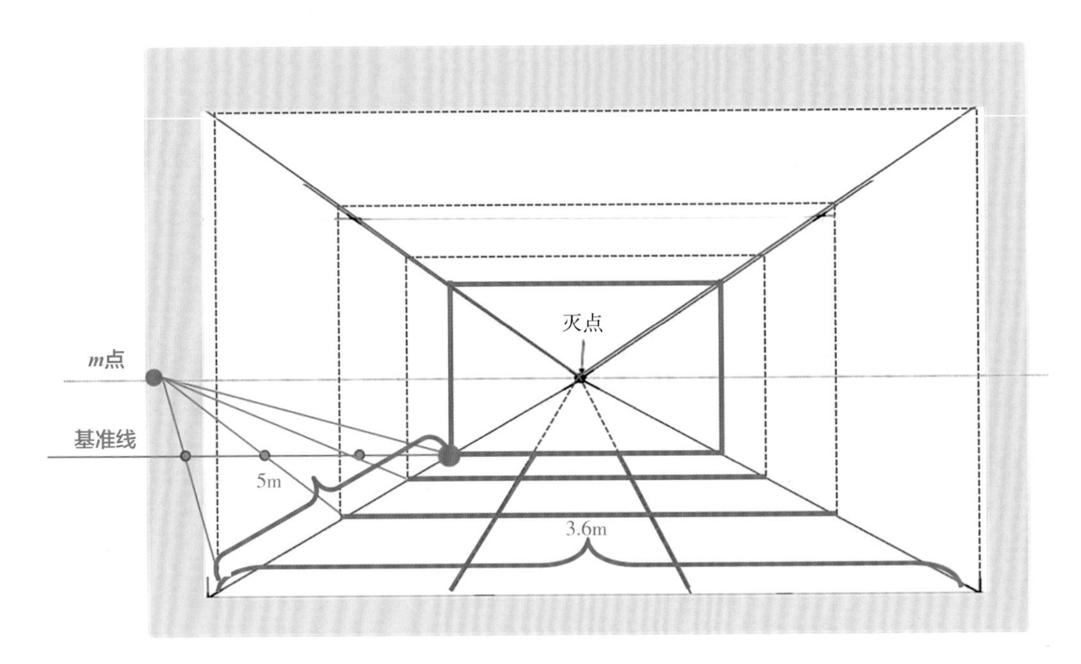

图2-13　室内一点透视快速画法步骤3（作者：贺思英）

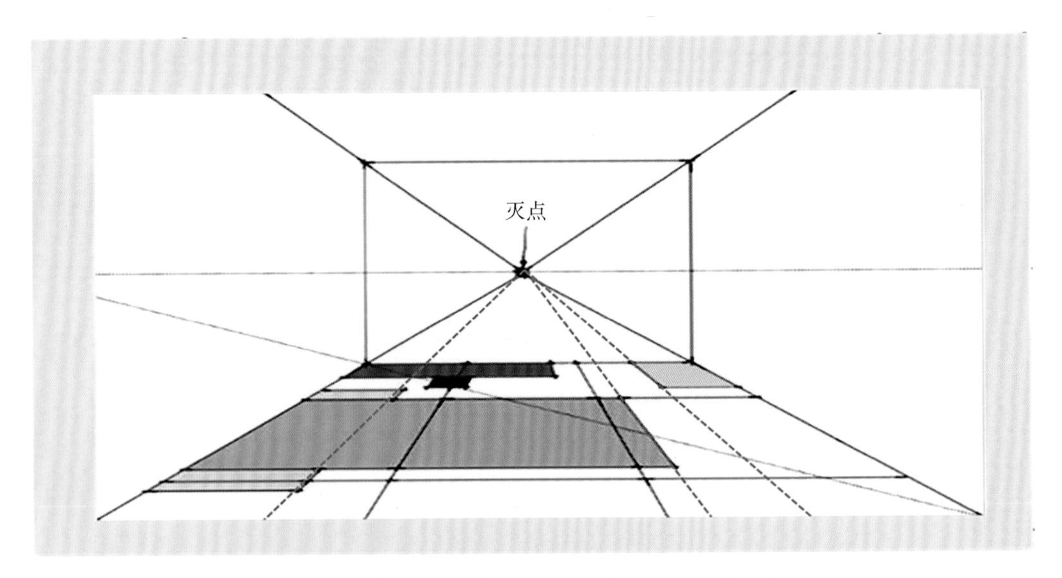

图2-14　室内一点透视快速画法步骤4（作者：贺思英）

⑤确定家具高度线：参考内墙体高度，确定第一个家具的高度，其他家具以此方法快速测算高度（图2-15）。

⑥绘制透视稿细节。从前往后依次画出家具，完善透视线稿物体的前后空间关系（图2-16）。

⑦绘制纹理、阴影等细节，完成线稿图，如图2-17所示。

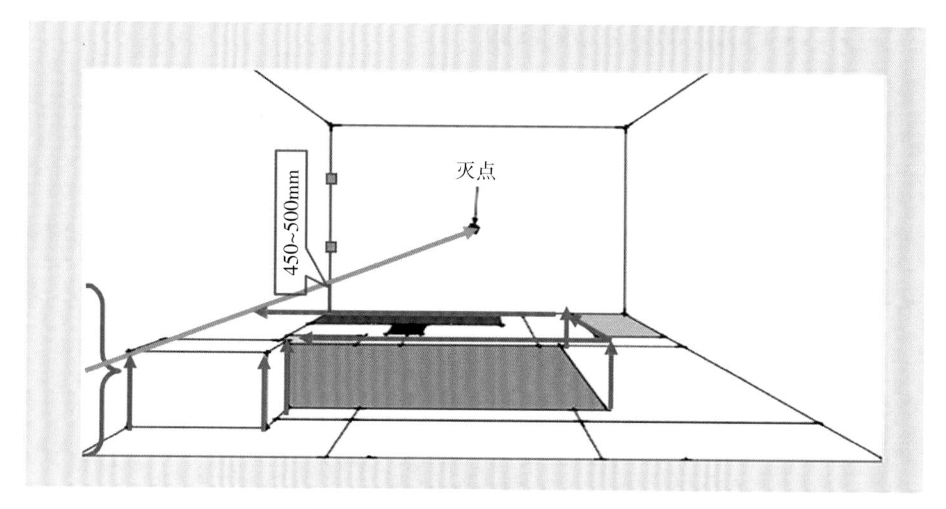

图2-15　室内一点透视快速画法步骤5（作者：贺思英）

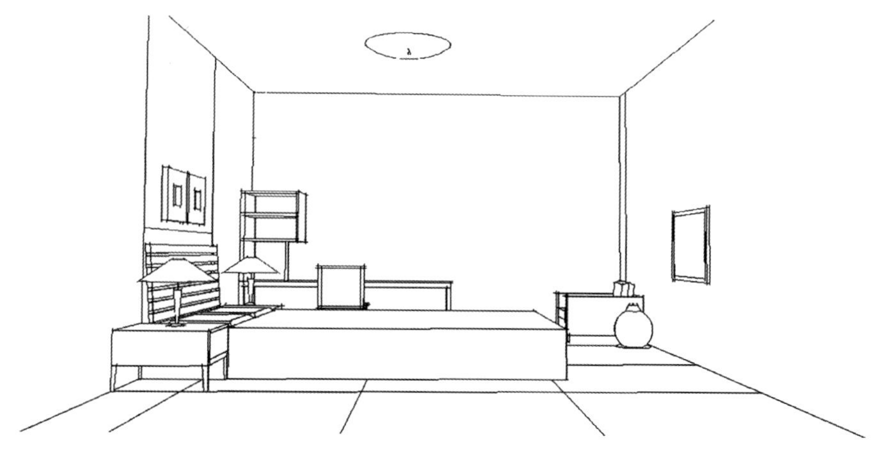

图2-16　室内一点透视快速画法步骤6（作者：陈志东）

图2-17　室内一点透视快速画法步骤7（作者：陈志东）

2.1.3.4 一点透视需要注意的问题

（1）问题1：视平线的位置

在一点透视中，关键是要选择好视点的位置与视平线的高度。如果没有特殊的要求，不要把视点放得过高，一般宜为普通人高度的视平线位置。

视平线放在真高线[1]中心或者偏下一点的位置，空间视高正常，可以看到物体的顶面和立面效果，属于普通人的视角透视，如图2–18所示。

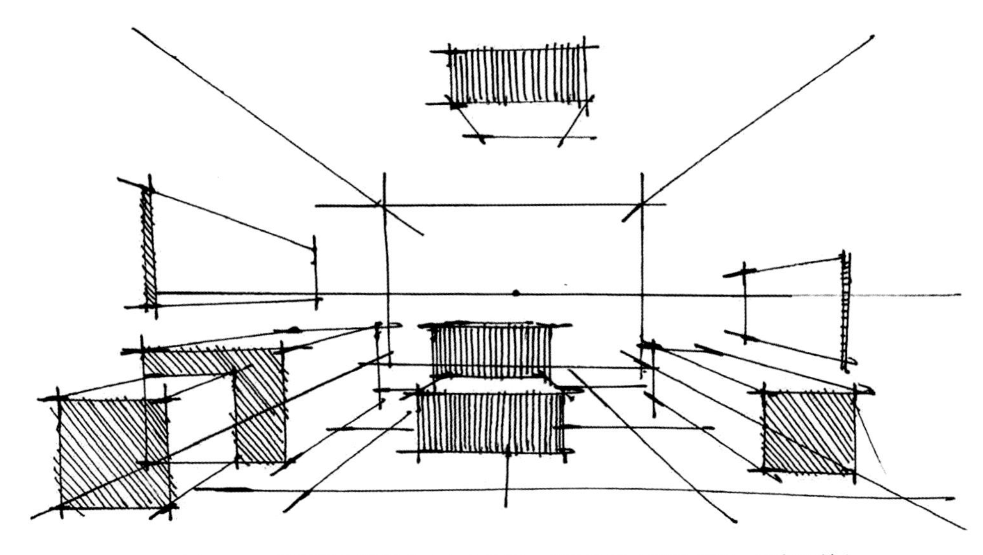

图2–18 视平线在真高线中心或偏下一点的位置（图片来源：印象手绘）

如果视平线位置过高，空间呈俯视视角，这样就不能精确地测量出空间的高度，画面也会使人感觉不太舒服，如图2–19所示。

如果视平线位置过低，导致空间部分形体呈现出仰视效果，视觉上就会感觉物体彼此“粘”在一起，看不到形体变化，弱化了空间感，如图2–20所示。

（2）问题2：灭点的位置

如果把灭点位置定在基准面的正中间，就会显得比较呆板。当然，这也要根据具体空间类型而定，如图2–21所示。

如图2–22所示，将灭点稍微地向左或向右偏移，这样空间就会显得灵活起来，而且对空间中的重点物体也能够进行侧重表现。但是要注意，灭点不能放得太偏，那样就违背了一点透视的透视原则。

---

[1] 真高线为空间里侧基准面两侧线的高度。例如室内净高为2.8m，则真高线高度即为2.8m。

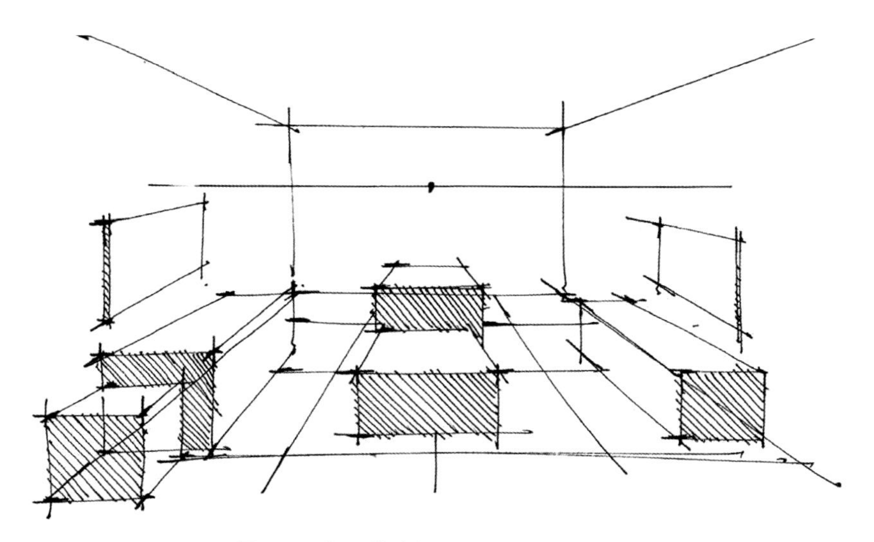

图2-19　视平线过高（图片来源：印象手绘）

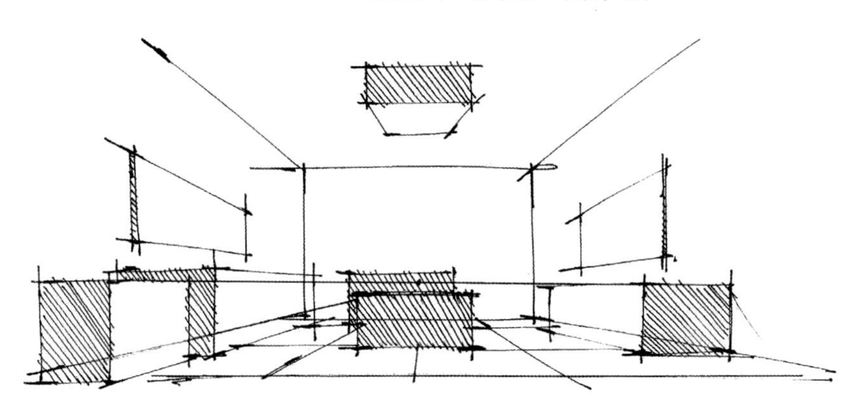

图2-20　视平线过低（图片来源：印象手绘）

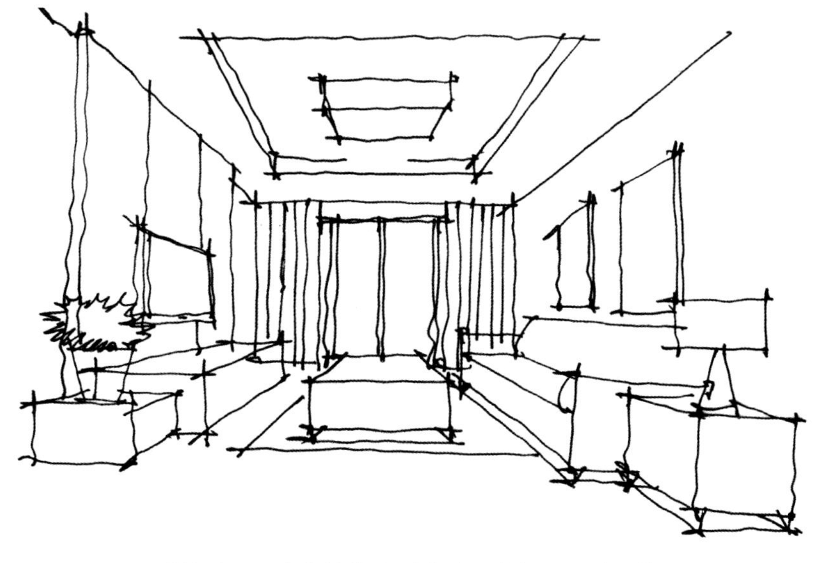

图2-21　灭点在基准面正中间（图片来源：印象手绘）

图2-22　灭点偏左或偏右（图片来源：印象手绘）

2.1.3.5　自主实践

请根据客厅平面图（图2-23）绘制室内透视图，进一步掌握室内一点透视快速画法。

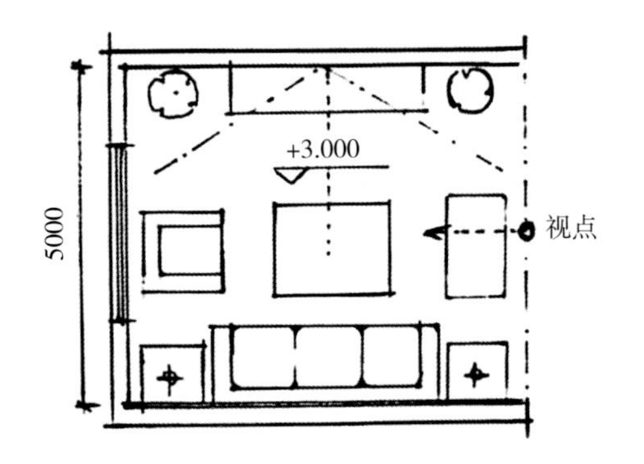

图2-23　某客厅平面图（作者：贺思英）

2.2　室内一点斜透视画法

2.2.1　任务描述

依据宿舍平面布置图，利用尺规和基本辅助线进行室内场景的一点斜透视绘制。选择一套完整的单身宿舍平面布置图，确定视点位置。如图2-24所示，卧室室内净高2800mm。为了便于快速找到物体的正投影和相对位置，先把平面图分割成9份网格（也可分割成更多份）。

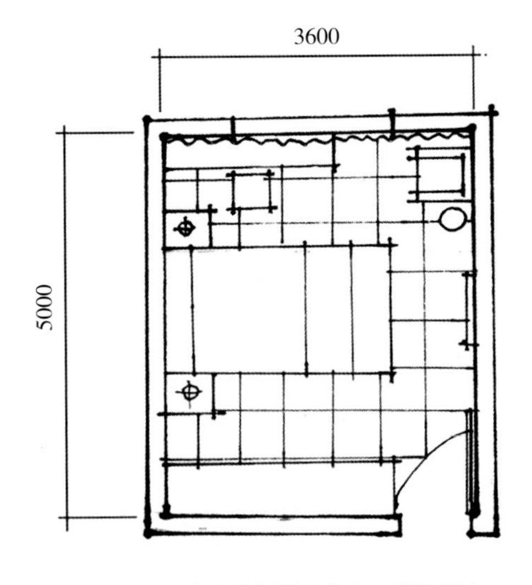

图2-24　宿舍平面图（作者：贺思英）

2.2.2　学习目标

知识目标：具有良好的自学能力，能够通过自主临摹优秀范本掌握绘制方法。

能力目标：能够将二维平面图像转换成三维立体空间图像，具有良好的手绘表现能力，能够熟练、完整地绘制室内一点斜透视图。

思政目标：具有一定的审美创新能力，能够体现和强调设计的基本意图。

2.2.3　任务实施

（1）绘图前准备

①了解一点斜透视的适用场合：一点斜透视多用于表现规整空间的完整场景。

②提前熟悉所要绘制的宿舍平面布置图图纸。

③准备好A4复印纸、绘图铅笔、针管笔（或钢笔）、三角板、丁字尺或一字尺。

（2）绘图步骤

①确定画面基准面，即画面的范围（一般画矩形）。以1200mm为单位标出室内宽和室内高。本书范例中室内平面图开间为3600mm，可分三份。室内净高为2800mm，如图2-25所示。

②确定视平线、灭点，拉出4条墙角线。视平线一般取1.4~1.6m，在画面中间偏上位置，参照一点透视画法定出内框。内框上下两条线交于画框外一侧灭点，如图2-26所示。

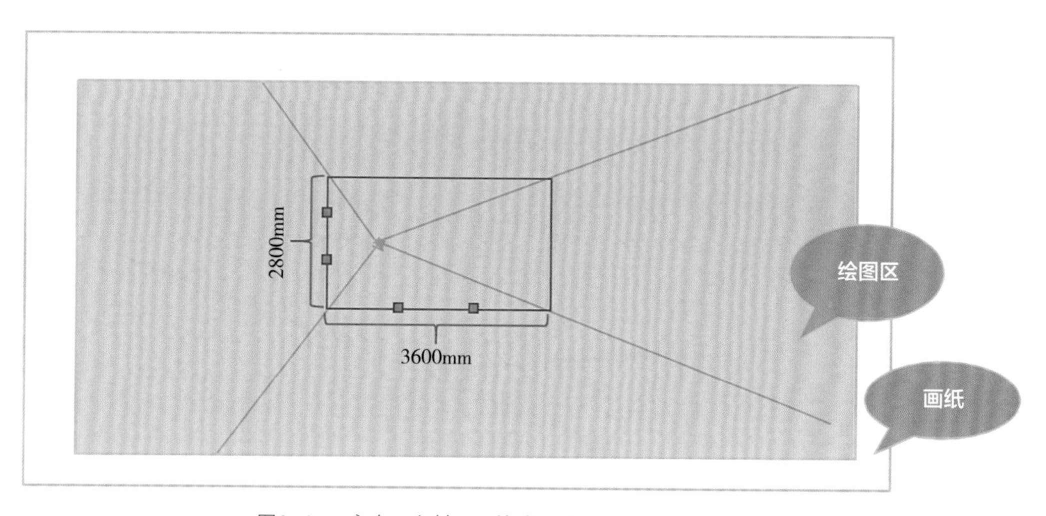

图2-25　室内一点斜透视快速画法步骤1（作者：贺思英）

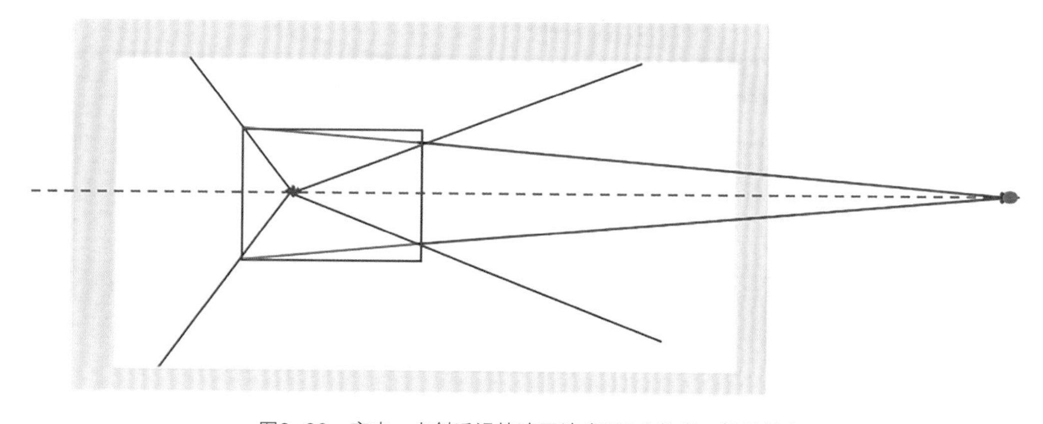

图2-26　室内一点斜透视快速画法步骤2（作者：贺思英）

③在视平线上确定m点（一般定在画面边线旁），并在基准线上画出进深尺寸间距点，连接m点与间距点，与墙角线生成交点。将交点与画框外灭点相连，连线确定平面图中的网格分割线，如图2-27所示。

④根据平面图中的网格分割线和平面布置图位置，快速确定主要家具的地面投影，如图2-28所示。

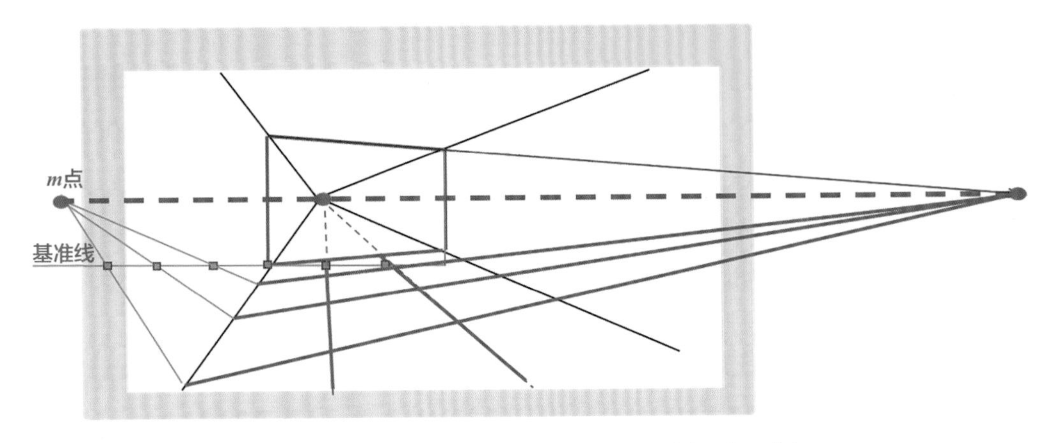

图2-27 室内一点斜透视快速画法步骤3（作者：贺思英）

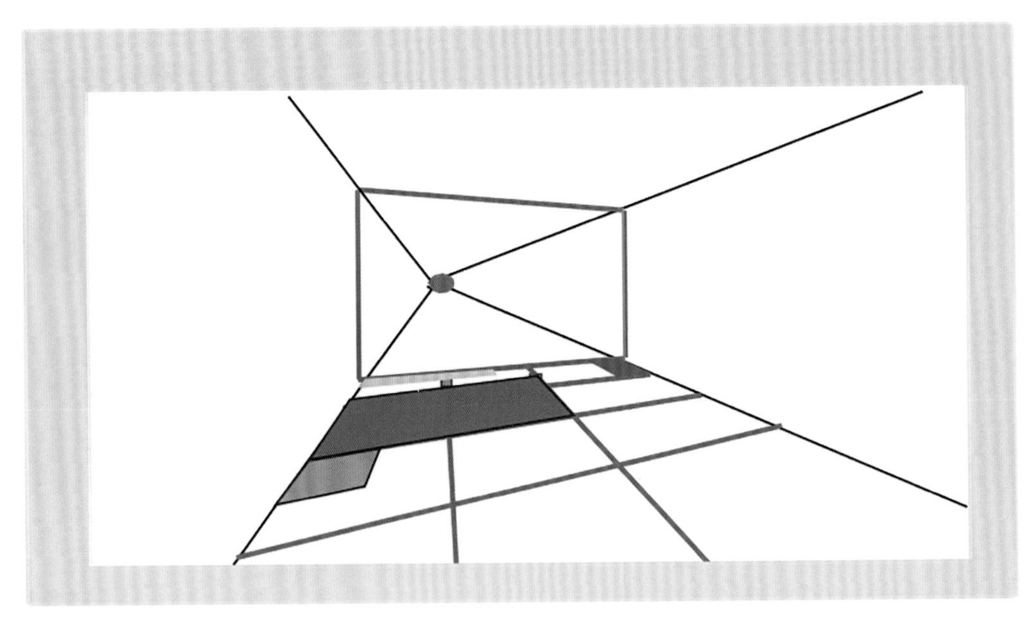

图2-28 室内一点斜透视快速画法步骤4（作者：贺思英）

⑤确定家具高度线。根据墙体高度确定第一个家具的高度，以此方法快速确定其他家具的高度，如图2–29所示。

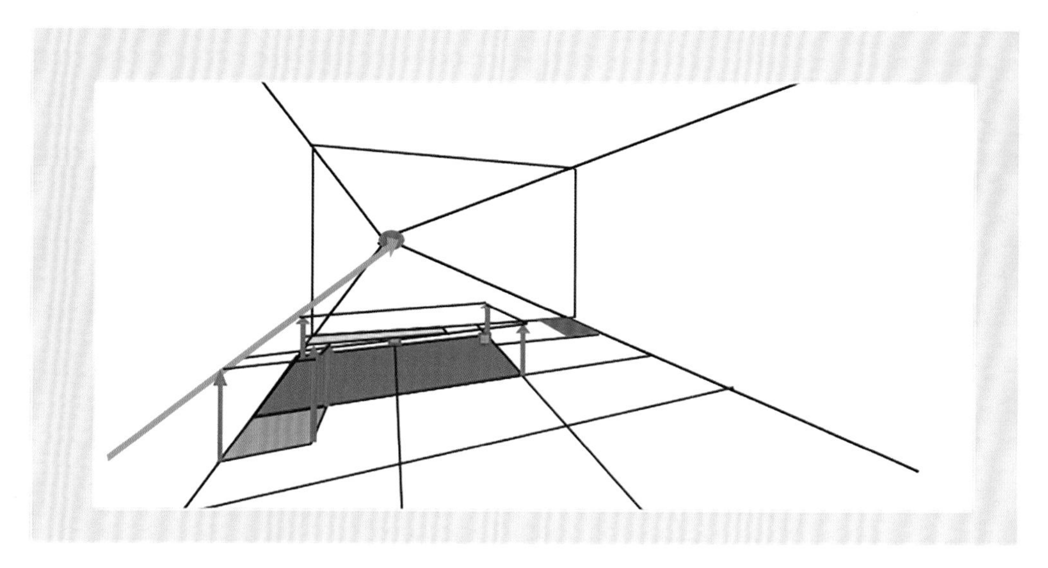

图2–29　室内一点斜透视快速画法步骤5（作者：贺思英）

⑥绘制透视稿细节。从前往后依次画出家具，完善透视线稿中物体的前后空间关系，如图2–30所示。

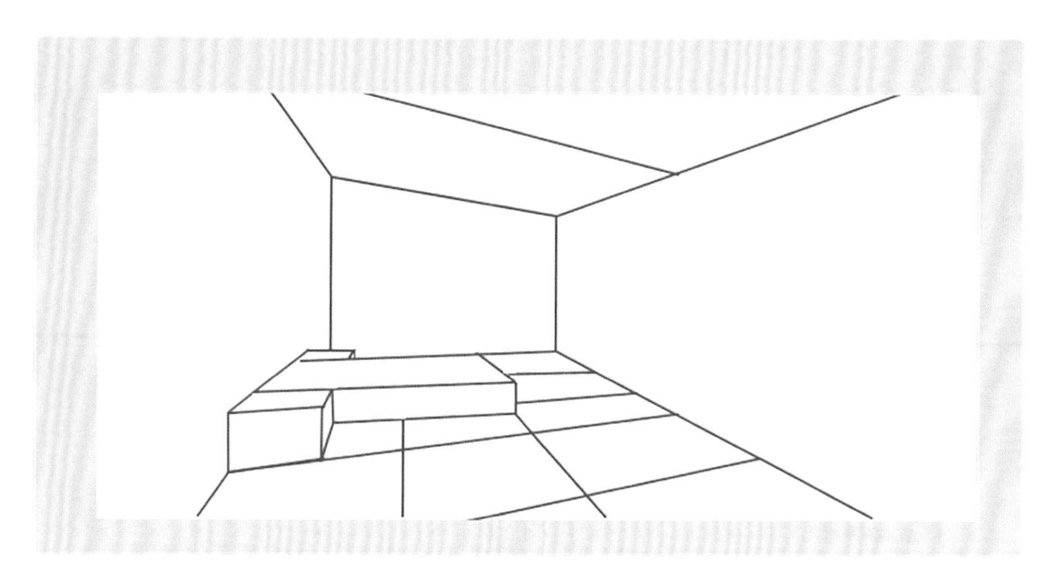

图2–30　室内一点斜透视快速画法步骤6（作者：贺思英）

⑦用针管笔画出家具细节。进一步完善透视线稿中物体的前后空间关系，如图2-31所示。

⑧绘制纹理、阴影等细节，完成线稿图，如图2-32所示。

图2-31　室内一点斜透视快速画法步骤7（作者：贺思英）

图2-32　室内一点斜透视快速画法步骤8（作者：贺思英）

知识链接

一点斜透视具有如下特点（图2–33）。

①画面当中除消失心点外还有一个消失侧点。

②所有垂直线与画面垂直，水平线向侧点消失，纵深线向心点消失。

③一点斜透视取一点透视和两点透视之长，既有视野广阔、纵深感强的特点，又有较接近人的直观感受。

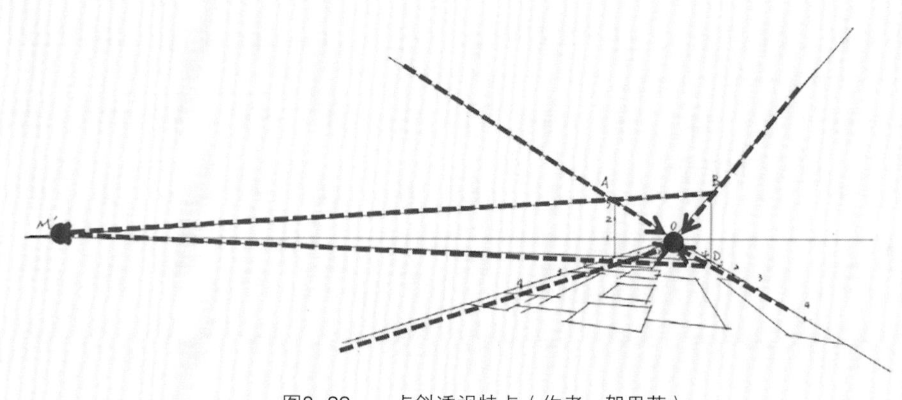

图2–33 一点斜透视特点（作者：贺思英）

2.2.4 项目实践

根据平面图绘制室内一点斜透视图，通过相同场景的一点透视图和一点斜透视图的对比，可以更好地理解和思考不同透视方法对于室内场景表现的特点（图2–34）。

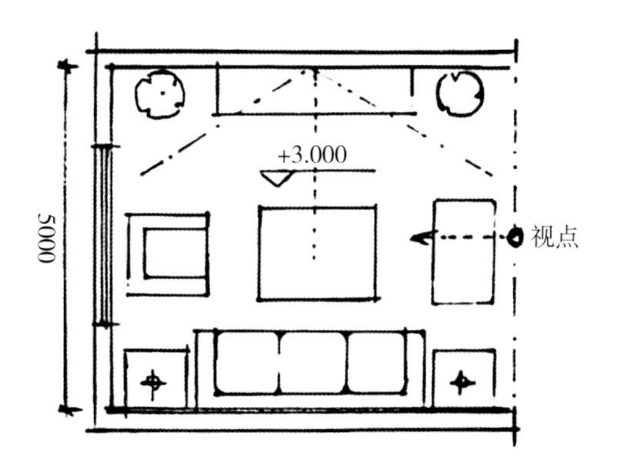

图2–34 某客厅平面图（作者：贺思英）

2.3 室内两点透视画法

2.3.1 任务描述

依据单身宿舍平面布置图（图2–35，室内净高2800mm），利用尺规和基本辅助线进行室内场景的两点透视绘制。为了便于快速找到物体的正投影和相对位置，先把平面图分割成9份网格（也可以分割成更多份）。

2.3.2 学习目标

知识目标：具有良好的自学能力，能够通过自主临摹优秀范例掌握绘制方法。

能力目标：能够将二维平面图像转换成三维立体空间图像；具有良好的手绘表现能力，能够熟练、完整地绘制室内空间陈设透视图。

思政目标：能够举一反三，学会变通，具备挑战难题的勇气和创新精神。

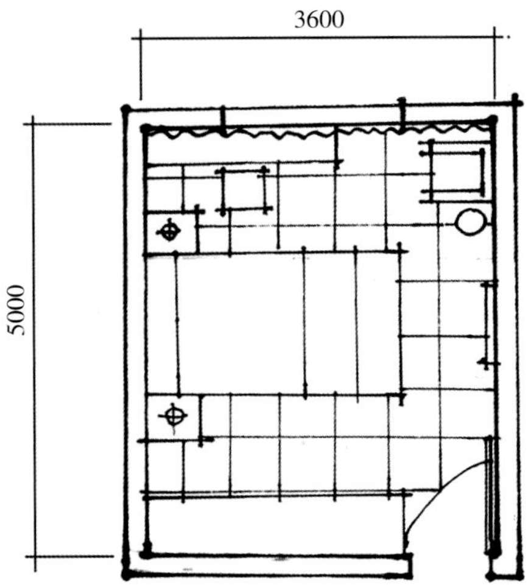

图2-35 宿舍平面布置图（作者：贺思英）

2.3.3 绘图前准备

①准备好A4复印纸、绘图铅笔、针管笔（或钢笔）、三角板、丁字尺或一字尺。

②引导问题1：你知道两点透视有什么特点吗？请做关键词描述。

③引导问题2：请在生活中找到适合用两点透视表现的场景，并做透视小稿练习。

2.3.4 知识储备

（1）几何体两点透视绘图步骤

①根据两点透视的规律，在画面中心确定两个消失点（也称灭点），画出不同位置的真高线，即两面墙体的转折线（图2-36）。

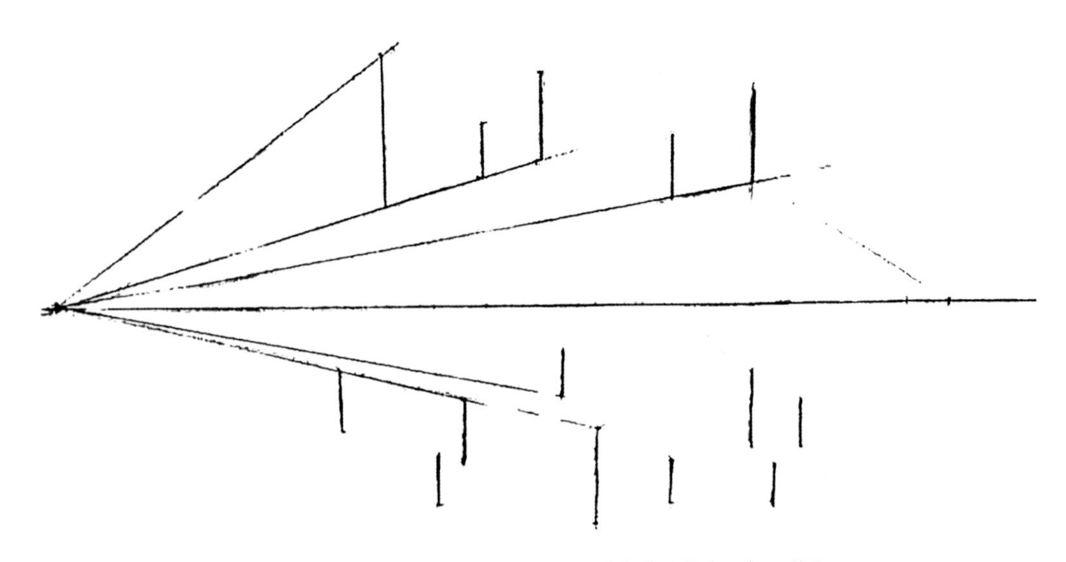

图2-36 用铅笔绘制视平线、灭点和真高线（作者：贺思英）

②绘制辅助线，真高线两侧的面的水平边线分别交于两侧的灭点（图2-37）。

③用铅笔确定几何体真高线两侧的宽度，从而绘制完成空间中不同位置的几何体。注意几何体前后和穿插关系（图2-38）。

④用针管笔绘制几何体，用调子进一步表现体块，注意调子方向同样要符合透视规律（图2-39）。

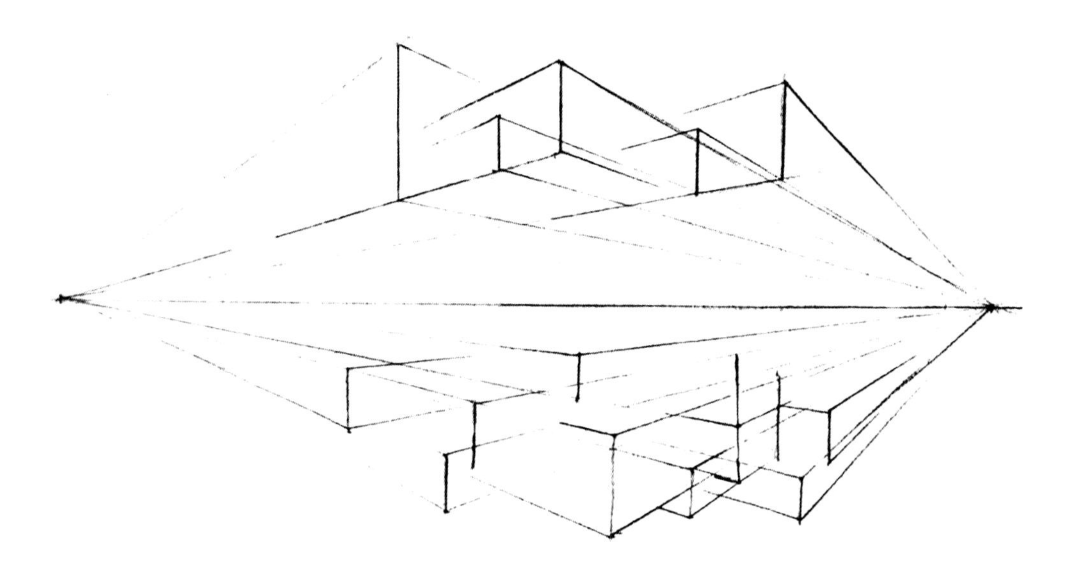

图2-37　用铅笔绘制几何体两侧的面（作者：贺思英）

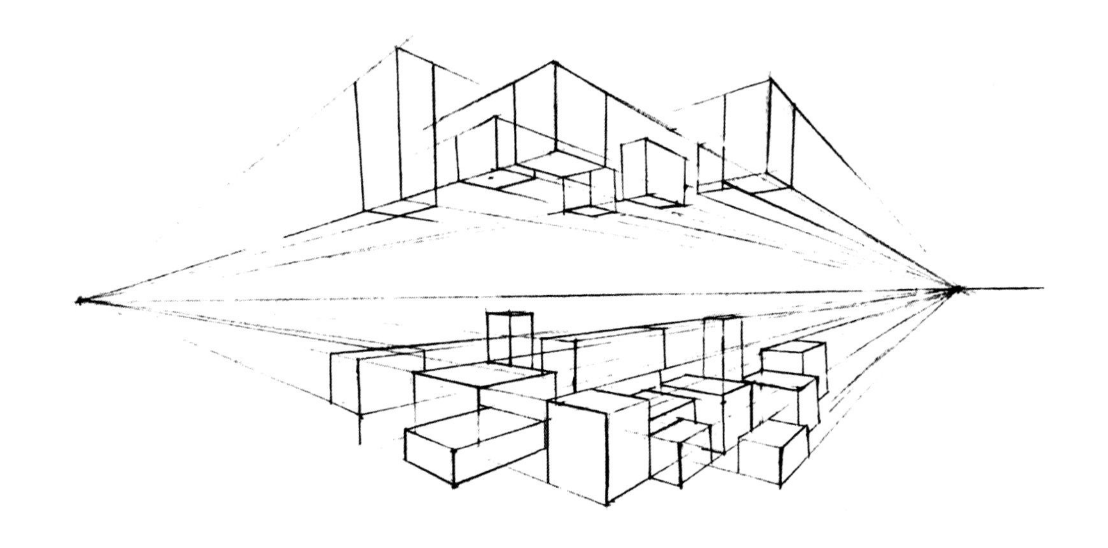

图2-38　用铅笔绘制不同位置的几何体（作者：贺思英）

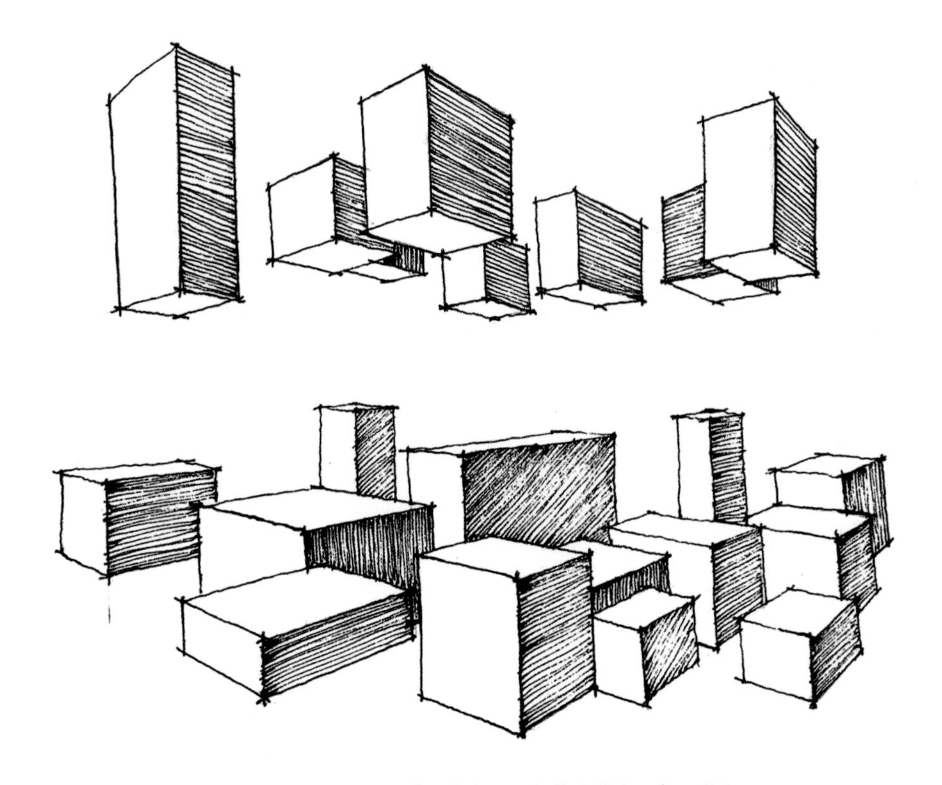

图2-39　用调子进一步表现几何体（作者：贺思英）

（2）单体沙发两点透视绘制步骤

①用铅笔绘制几何体，深入理解两点透视的规律（图2-40）。

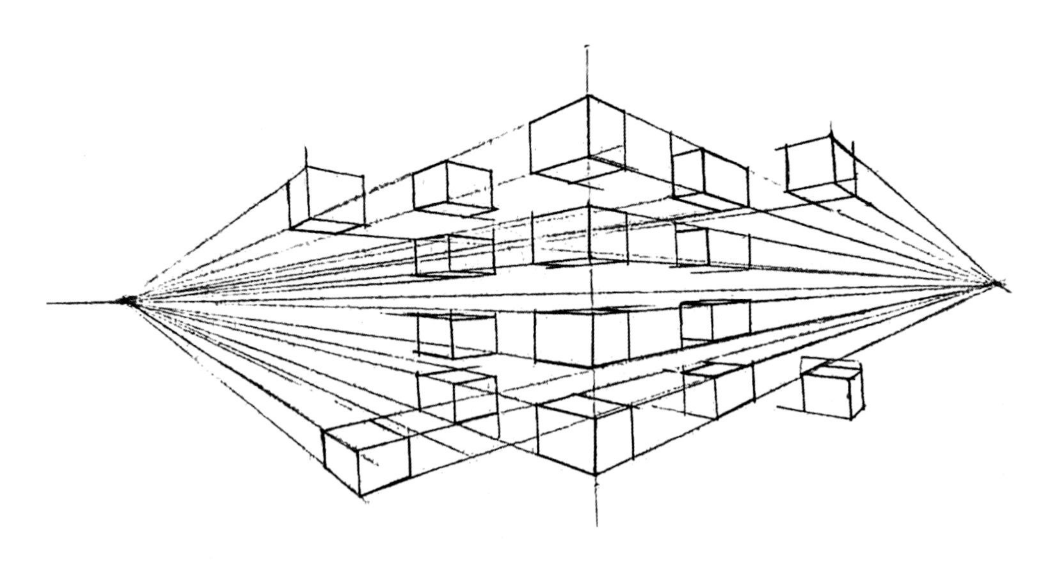

图2-40　用铅笔绘制不同位置的几何体（作者：贺思英）

②在几何体的基础上绘制沙发单体（图2-41）。

③用针管笔适当加入线条表达明暗，使形体看上去结实、整体、有厚重感（图2-42）。

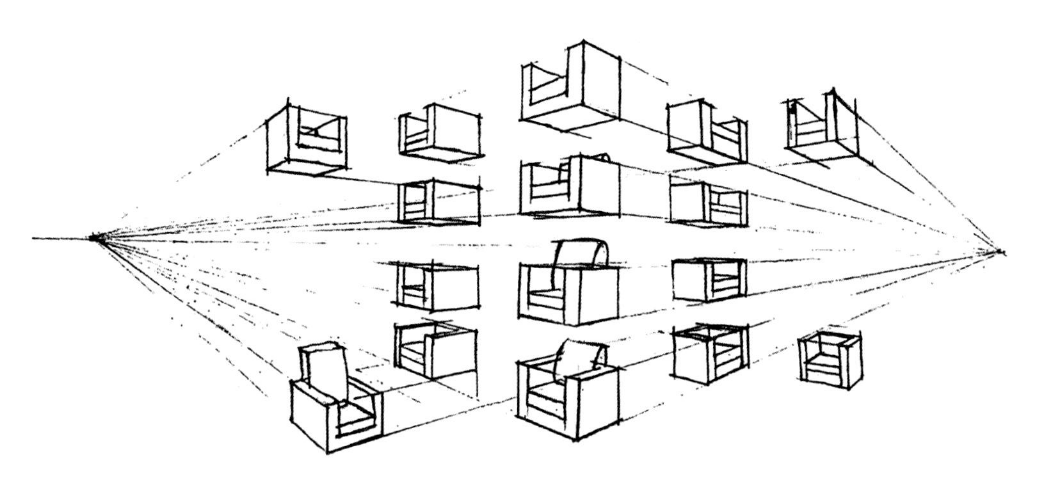

图2-41　在几何体的基础上绘制沙发单体（作者：贺思英）

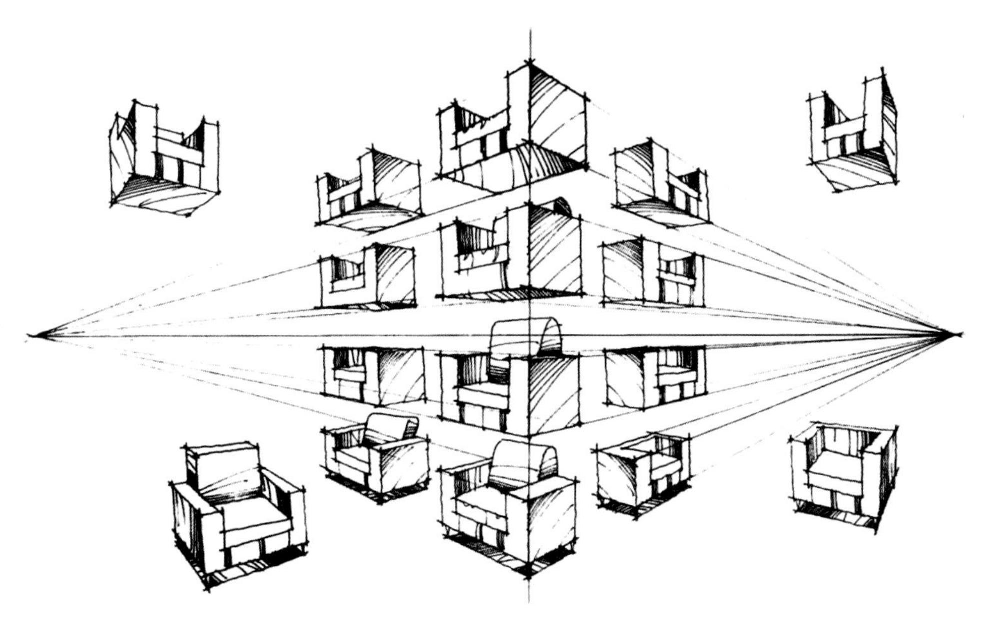

图2-42　用针管笔加入线条表达明暗（作者：贺思英）

（3）两点透视的基本特点

①画面有两个灭点，且两个灭点必须在同一水平线上。

②垂直方向的线条不能歪，应与画框的水平边保持垂直。

③与画面相交的各边，发生近大远小的变化，分别消失于左右侧灭点。

（4）绘制两点透视需要注意的问题

①熟悉两点透视的基本特点。开始练习的时候应借助辅助线找到两边的灭点。

②可以脱离辅助线画方块，但是要做到心中有“点”（即灭点），可以经常用手来回比划，确定了以后就可以落笔。

③两点透视的效果图比较自由、活泼，给人的空间感也更接近于人对真实空间的感觉，但如果透视角度选择不好的话，就容易产生变形。

2.3.5 任务实施

任务中宿舍的室内两点透视绘图步骤如下。

①把平面图旋转45°左右，选择视点，确定画面的范围（图2-43、图2-44）。

②确定视平线，画出墙高线，确定两个灭点，拉出4条墙角透视线。视平线定在画面中间或偏上位置，一般取1.4~1.6m；以墙高线2~3倍距离确定两个灭点（图2-45）。

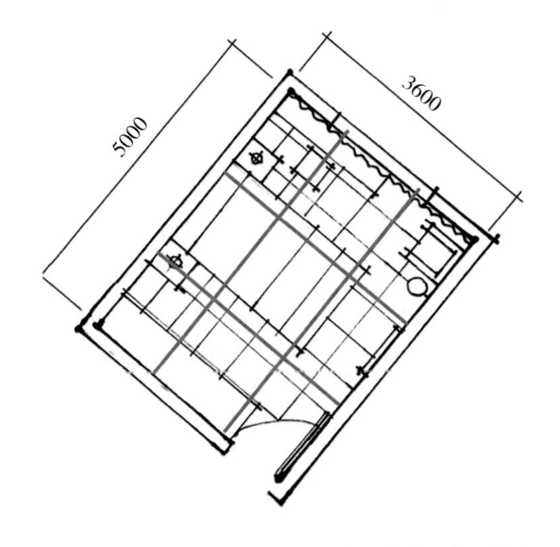

图2-43 把平面图旋转45°左右（作者：贺思英）

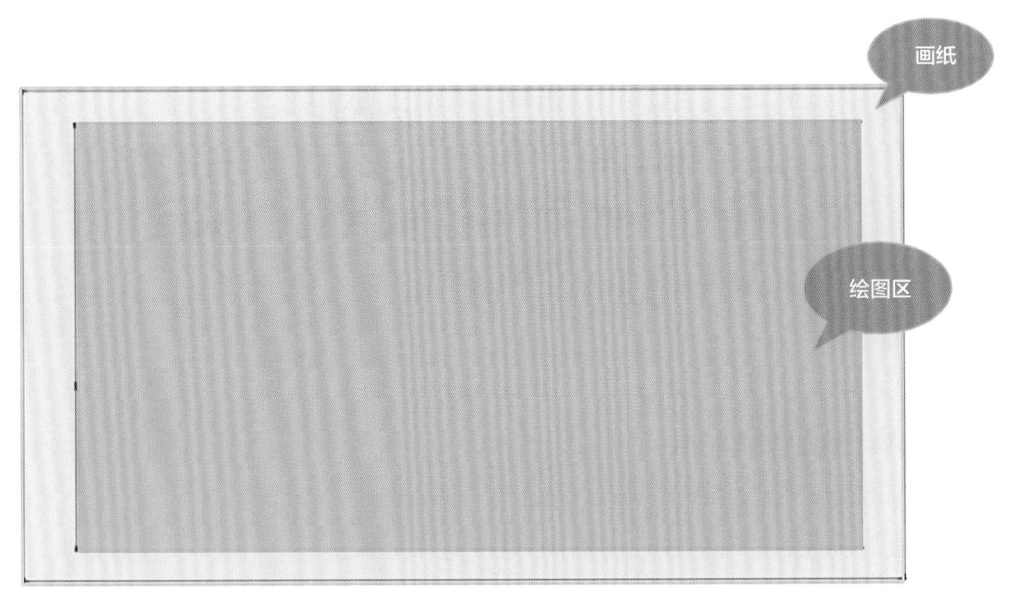

图2-44 室内两点透视快速画法步骤1（作者：贺思英）

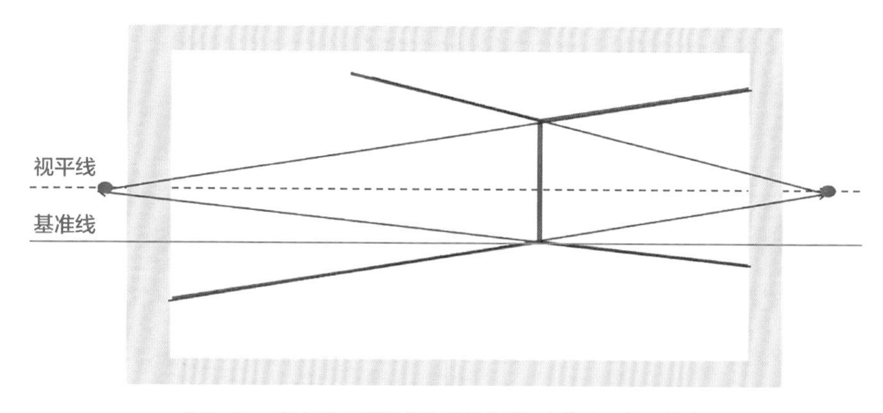

图2-45　室内两点透视快速画法步骤2（作者：贺思英）

③在基准线上测量出网格线间距，确定两个m点，把网格线间距点与m点相连，与墙角线生成交点。交点分别与两个灭点相连，画出地面九宫格透视分割线（图2-46）。

④确定家具在地面上的投影（图2-47）。

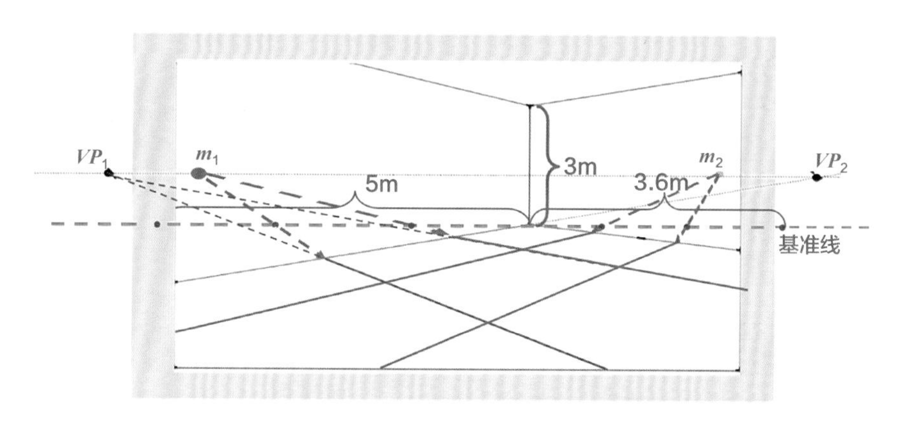

图2-46　室内两点透视快速画法步骤3（作者：贺思英）

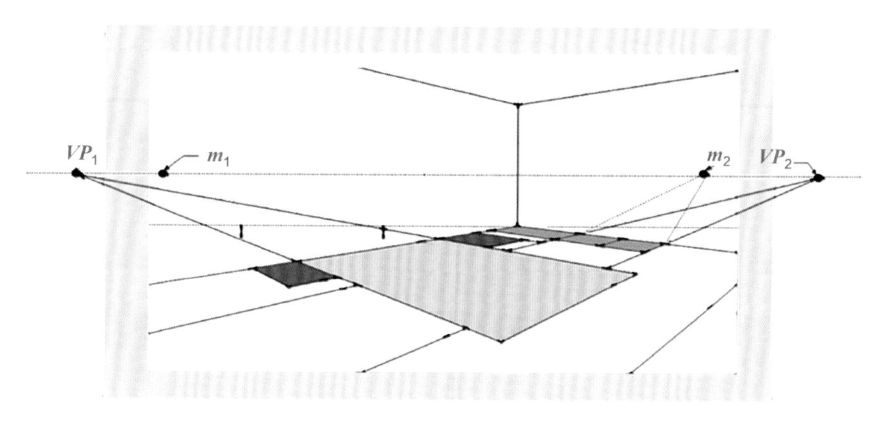

图2-47　室内两点透视快速画法步骤4（作者：陈志东）

⑤参考墙体高度，确定第一个家具的高度，并以此为参照快速画出其他家具的高度，绘制线稿细节直至完成（图2-48）。

⑥深化细节，完成两点透视线稿（图2-49）。

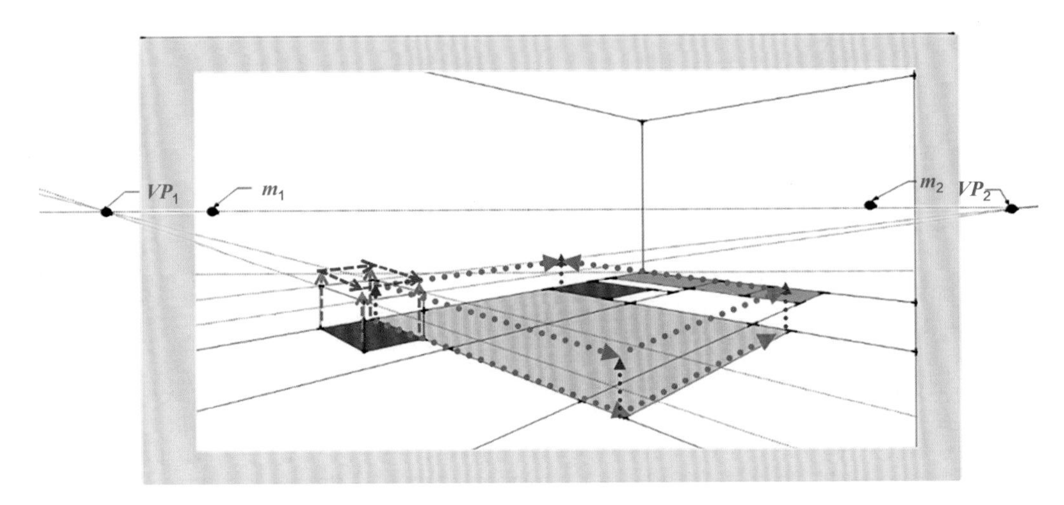

图2-48　室内两点透视快速画法步骤5（作者：陈志东）

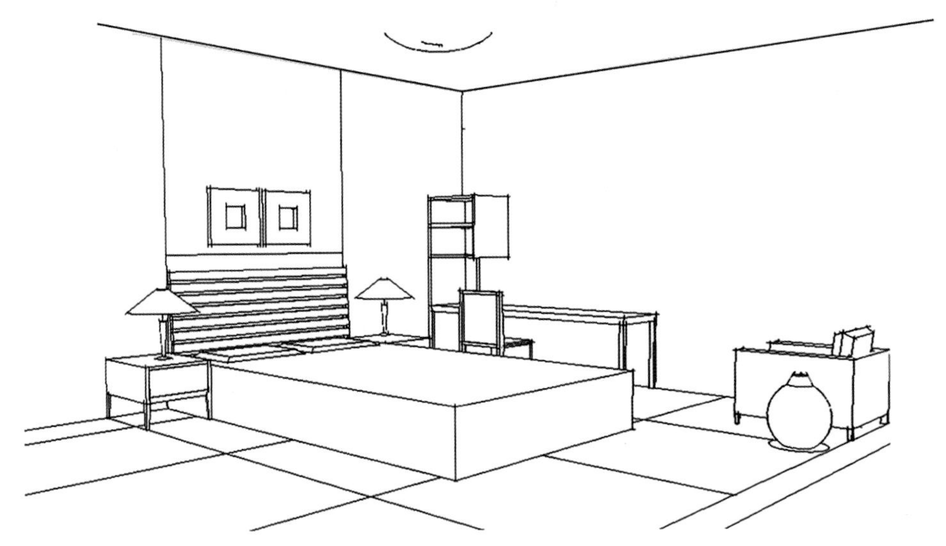

图2-49　室内两点透视快速画法步骤6（作者：陈志东）

2.3.6　两点透视画法需要注意的问题

（1）问题1：真高线的定位

两点透视空间的真高线（两面墙体的转折线）是画面中最远处的线，因此在画的时候不要过长，以免近处的物体画不开，一般占到画面中间1/3左右即可。如图2–50所示，真高线过长，构图显得拥挤，近处物体不能刻画完整，空间进深感较弱。而图2–51中，真高线位置和大小就较为合理，能全面地表现空间整体，使进深感得到完整体现。

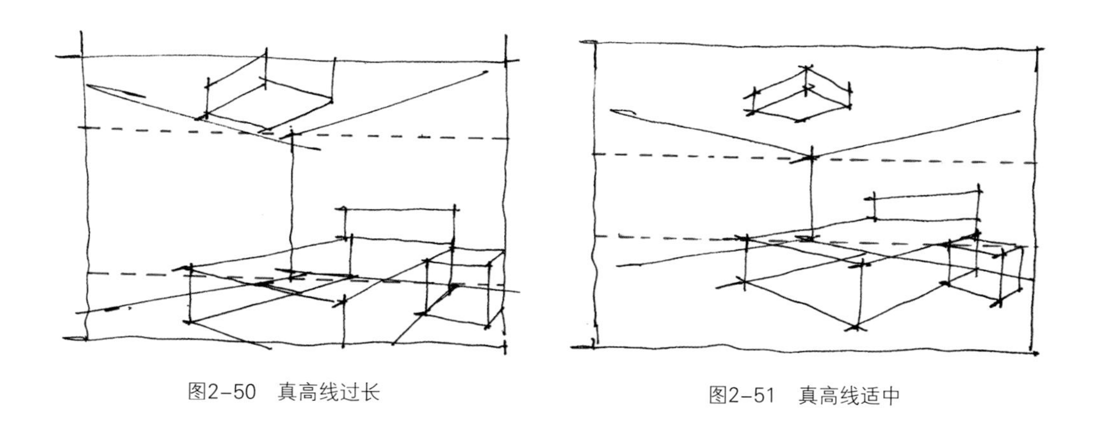

图2–50　真高线过长

图2–51　真高线适中

（2）问题2：两点透视的灭点

一般情况下，两个灭点要离真高线稍远些。如果过近，画出来的图面会显得视角变形，如图2–52所示；如果两个灭点离得较远，空间视角显示正常，如图2–53所示。

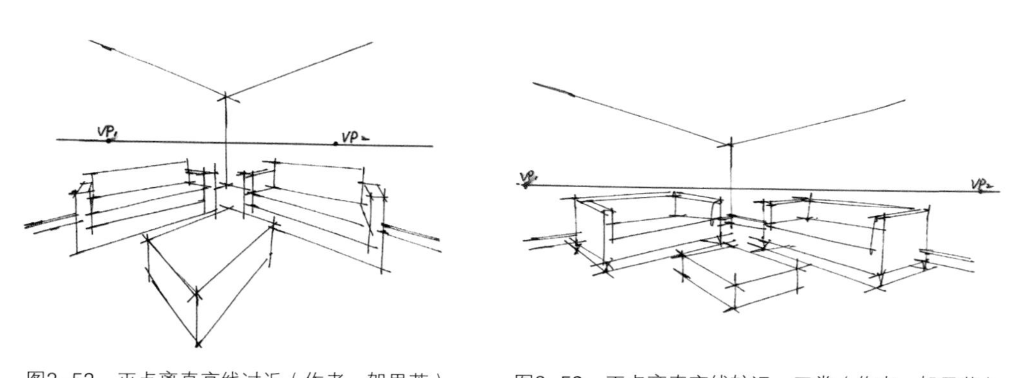

图2–52　灭点离真高线过近（作者：贺思英）

图2–53　灭点离真高线较远，正常（作者：贺思英）

另外，当某一面墙的物体需要重点表达时，我们就需要将这个重点墙体的透视画得相对小一些。也就是说，透视较小的那面墙的灭点与真高线的距离较远，透视较大的那面墙的灭点与真高线的距离较近。如图2–54所示，这幅图重点表现床头这一侧，而靠窗的那一侧不是重点，所以床头这一面墙上下两条线所交的灭点与真高线距离较远，而靠窗的这面墙灭点与真高线距离较近。

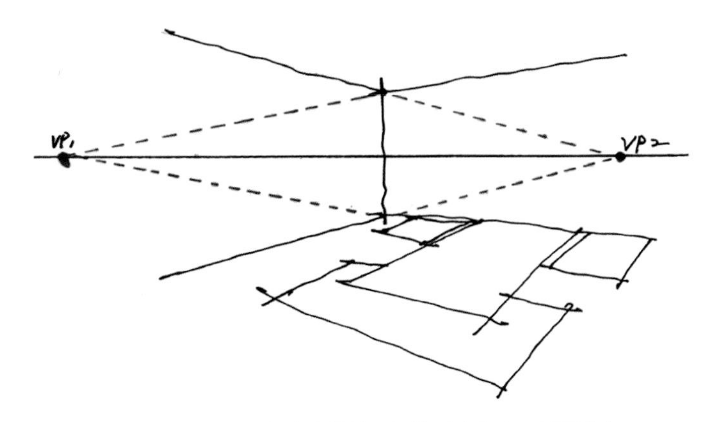

图2-54 灭点与真高线的远近关系（作者：贺思英）

本章小结

本章介绍了室内透视快速画法，有助于学习者奠定扎实的手绘表现基础，更好地进行室内空间设计手绘表现。

思考与练习

试着用不同的透视方法对同一个室内空间进行手绘线稿表现，如图2-55所示。

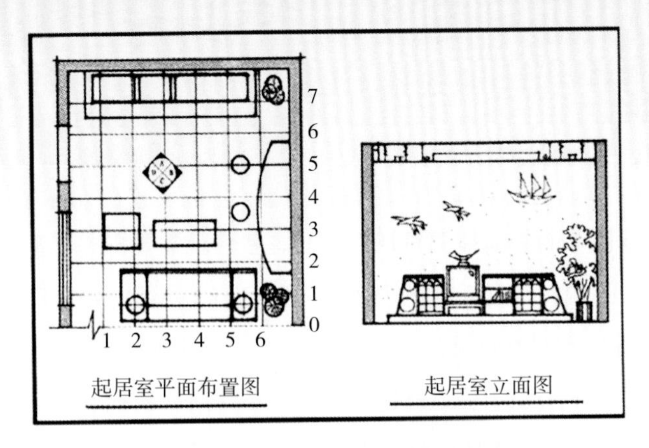

图2-55 起居室平面布置图和立面图

第3章

手绘线稿表现基础

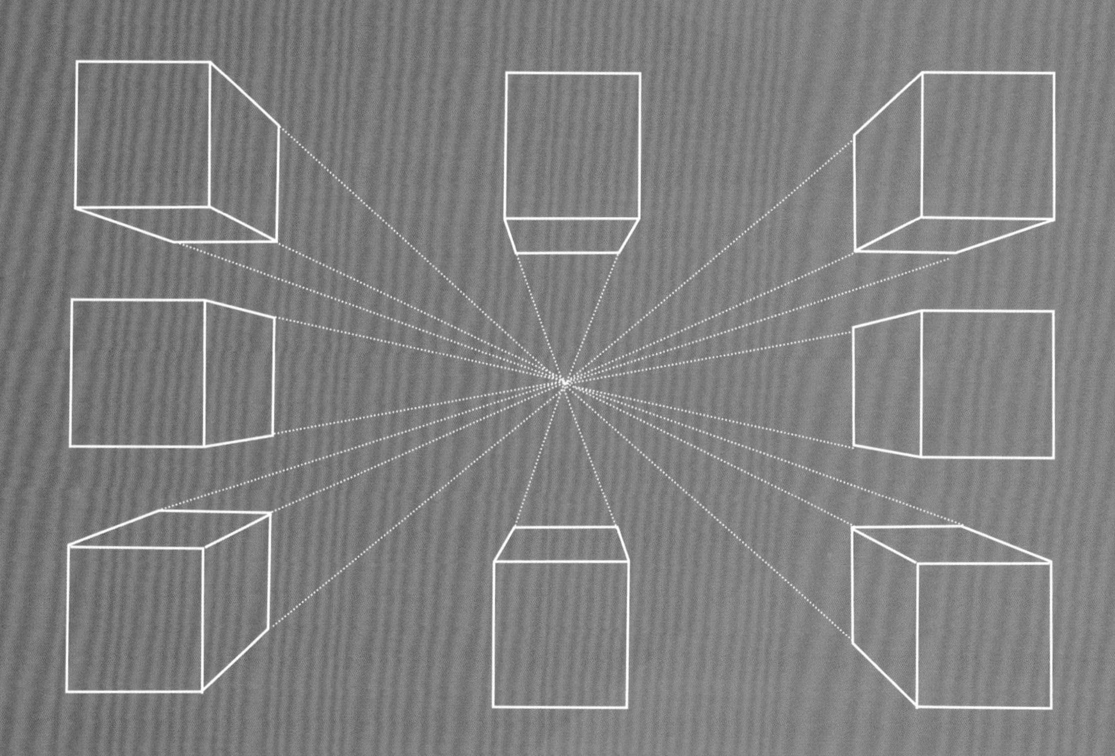

本章重点

“线”有各种各样的形式：刚劲、挺拔的直线，柔中带刚的曲线，纤细、绵软的颤线等。本章对几种不同类型线条的表达进行介绍，使读者能运用不同线条进行手绘表达练习。

（扫码观看本章视频）

学习目标

掌握直线、曲线和特殊线画法，理解线的美感特征。通过线条长短、疏密等不同线型的变化练习，培养观察方法和空间思维；通过体会线条体现的不同情感，培养造型能力和创造能力。培养从生活中发现美、感受美的能力，提高审美能力。

3.1 手绘线条

3.1.1 基本线条表现

3.1.1.1 手绘线条的类型与特征

（1）刚劲挺拔的直线

绘制直线有两种方式，一种是借助尺规绘制，另一种是徒手绘制。“力”的把握是手绘表现的魅力之一。自信的心态、丰富的经验、未动笔之前的整体考虑都是十分重要的。徒手绘制直线应该做到运笔速度快、刚劲有力、小曲大直。

绘制直线时，首先要注意起笔时顿挫有力，运笔时力度逐渐减轻且要匀速，收笔时要稍作提顿。其次注意两根线条交接的时候要略强调交点，稍稍出头，但不要过于刻意强调交叉点，否则会导致线条凌乱（图3-1）。

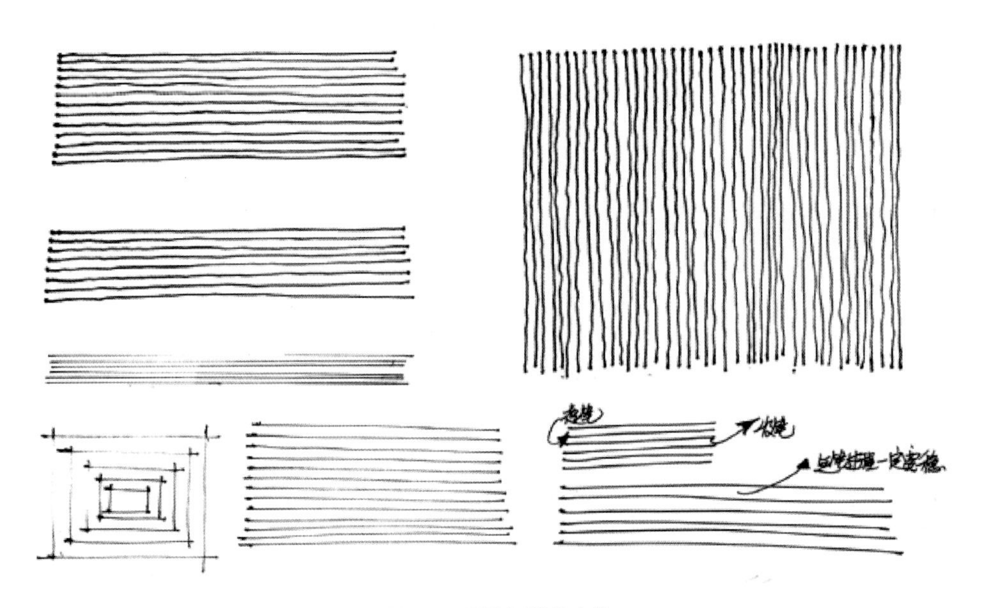

图3-1　刚劲挺拔的直线

（2）柔中带刚的曲线

手绘表现中的曲线是十分活跃的元素。在运用曲线时，一定要强调曲线的弹性和张力（图3-2）。画曲线时用笔一定要果断、有力，要一气呵成，中间不能“断气”，也不能出现“描”的现象，即用笔虽然连贯但很犹豫、无力。

图3-2　柔中带刚的曲线

3.1.1.2　线条绘图姿势及用笔方法

（1）绘图坐姿及握笔姿势

①保持舒适的坐姿，放松，大拇指和食指轻松握笔，中指关节轻微支撑，小指微伸作为弹性支撑；笔与纸面成45° 倾斜。

②行笔以稳、顺、准为原则（图3-3、图3-4）。

③画线的过程中，要综合运用手指、手腕、手臂、肩膀，各个支点自由运动。握笔与行笔因人而异，最终以能呈现自己的画风和表现效果为目的。

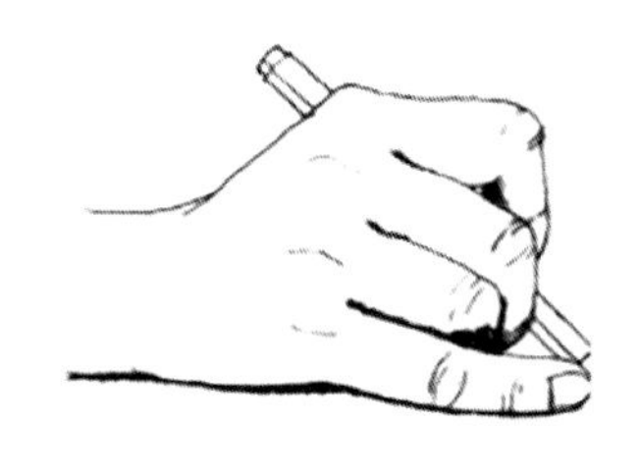

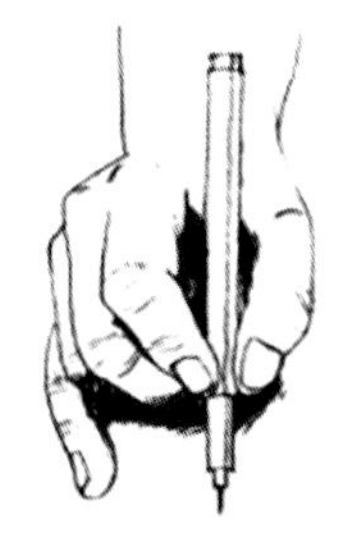

图3-3　正确的握笔姿势

图3-4 错误的握笔姿势

（2）用笔方法

①下笔要坚定，有起笔、收笔（图3-5）。

②画线条就像人走路一样，有起步、行步和止步三个环节。运笔如同稳健地行步，要稳稳地落在纸上，然后再做收笔或顿笔的动作，这样画出来的线条就会稳重、自信、力透纸背、入木三分。

③画形体务必一气呵成，切忌毛毛糙糙来回重复表达一条线。如果一笔没有画到位可重复一笔，但线条要干净利落，不要在原线条上反复涂改，把线条画“死”。切忌在原基础上重复起步，要间隔一段距离后继续画线。

④注意线条交叉的画法，线与线之间的连接点要相交并且延长，大胆出头，避免“两边不靠”。

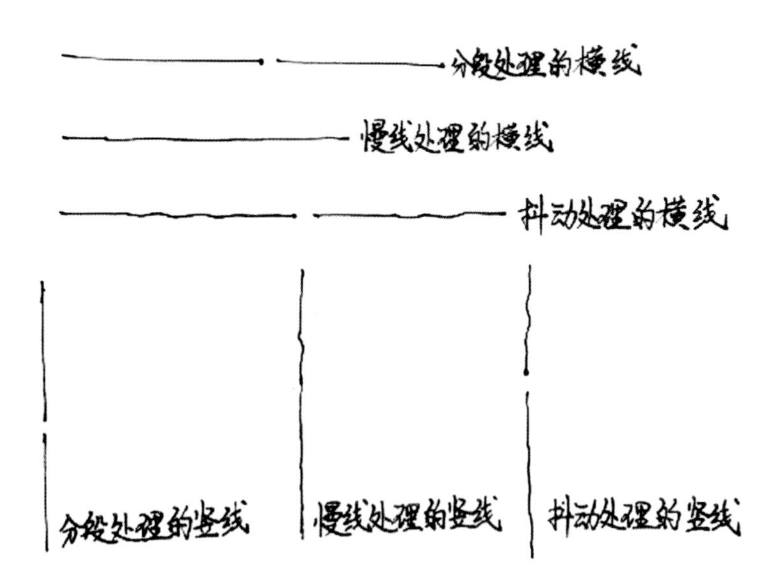

图3-5 线条的不同处理方式

⑤表现物体暗部或阴影时，切忌乱排线条，要根据透视规律或者平行与垂直关系表达（图3–6）。

⑥体现质感。画不同质感的物体时要先了解其特性，是坚硬的还是柔软的，以便选择用何种线条去表达。可选用硬朗干练的线条表达坚硬的物体，选择轻松随意的曲线表达柔软的物体（图3–7）。

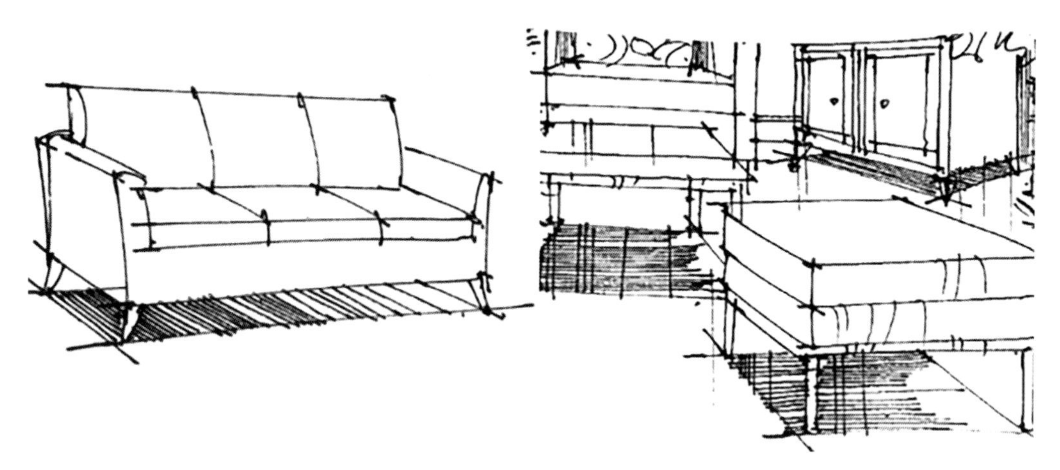

图3–6　物体暗部阴影排线

图3–7　线条体现质感

3.1.1.3 画线条常见问题列举

画线条时常见的问题如表3-1所示。

表3-1 画线条常见问题列举

问题	图例
问题一：下笔不稳定，运笔战战兢兢，不敢画，导致线条笨拙死板	
问题二：画的时候信心不足，重复地“描”线条，导致废线过多	
问题三：线条忽虚忽实，力度不均，不整体	
问题四：起笔顿笔太用力，收笔时又过于草率，导致线条无头无尾，方向模糊	
问题五：在绘制抖线时刻意抖动，导致线条过于僵硬，不自然，缺乏灵活性	
问题六：线条在交接过程中互不相交或者过于强调，导致形体混乱	

• 总结

徒手画线的能力是手绘效果图表现的基本功，也是基本条件。很多学生都对徒手画线具有畏怯的心态，觉得十分困难，甚至有些学生怀疑自己在徒手画线表达上有先天的缺陷。其实这些顾虑都是没有必要的，重要的是要掌握正确的徒手画线方法，并保持耐力与信心。

3.1.2　线条的组合练习

3.1.2.1　单一线条的练习

单一线条练习如图3-8所示。

（1）齿轮线训练

具有较强的随意性，用笔灵活多变，线条走向也应该蜿蜒曲折，具有一定的不规则性。画线不要求快，更不能按固定模式反复。

（2）锯齿线训练

画线速度略快，要保持平稳，长短不一，讲究自由进退的效果，整体保持统一。

（3）爆炸线训练

类似锯齿线，整体轮廓是放射性的，尽量避免“套索”现象的出现。

（4）水花线训练

体现用笔的灵活度，以曲线形式为基础，提高画自由曲线和流线的熟练程度。

（5）波浪线训练

刻意地强调线条要有轻重缓急，呈现较为匀称的效果。

（6）骨牌线训练

由多条短线排列组成，形态像连续倒下的骨牌，分为长短不一的组，很有序列感，具有疏密的变化，在手绘效果图表现中应用十分广泛。

（7）稻垛线训练

由多组排列的短线交错叠加，多用于植物或织物的表现。

（8）弹簧线训练

随意性很大，多用于快速设计表现技法，属于“乱笔”一类。

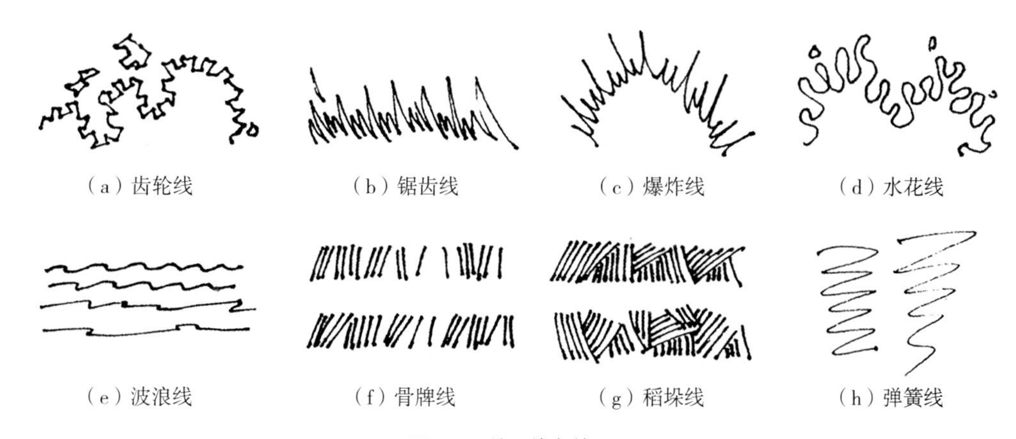

图3-8　单一线条练习

3.1.2.2 线条的排列与重叠

不同的排线，效果也会不同（图3-9）。

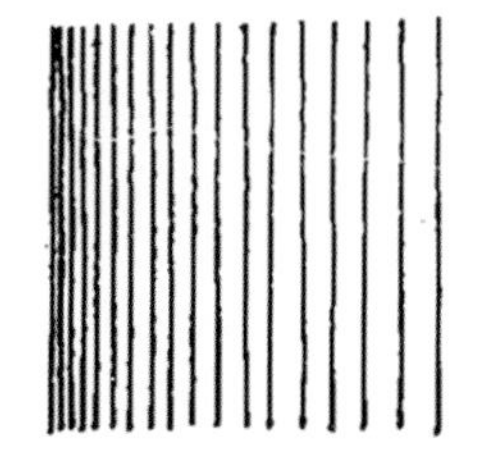

竖线可组织色调在左右方向上的变化

横线可组织色调在上下方向上的变化

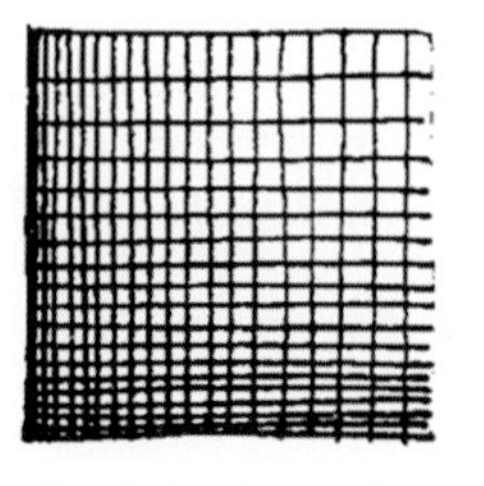

横竖线合用加重了色调，也可组织从一个角到另一个角的色调变化

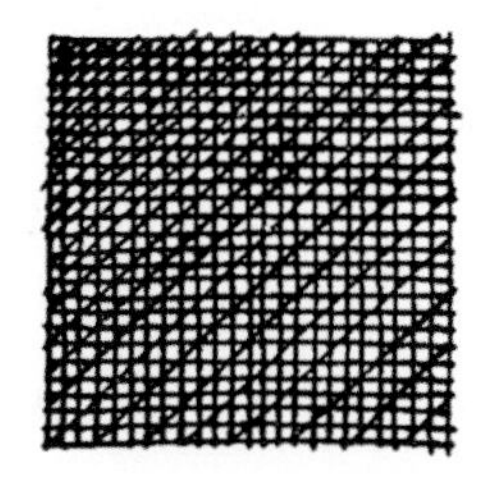

横竖斜线的交叉使用使色调更深

横竖线及双向斜线可绘出最深的色调

横线略有倾斜，密集处稍有交叉，有活泼感

两组较密集而平行的线组成小角度的交叉，形成类似木纹的特殊纹样

无一定方向的长乱线

无一定方向的短乱线

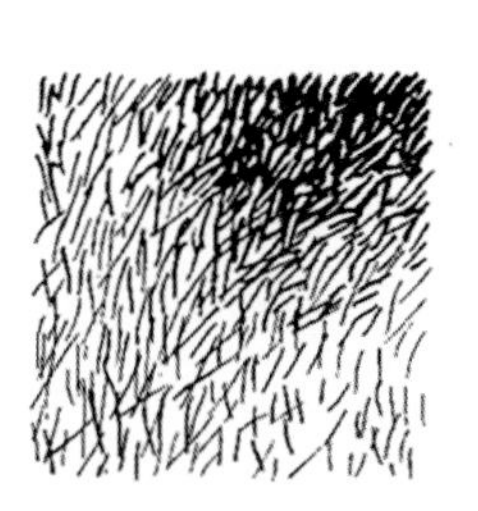

有一定方向的短乱线

连续长乱线

不规则的席纹

双向点划线

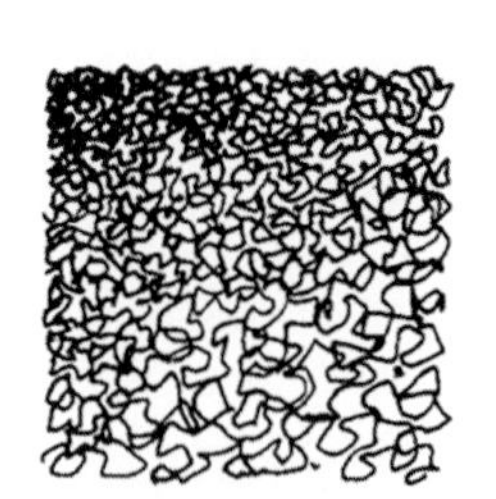

小回转曲线

有一定方向的回转线（虫蚀状）

图3-9　不同排线的效果

3.1.2.3 用线条表现质感

用线条表现质感的方法如图3-10所示。

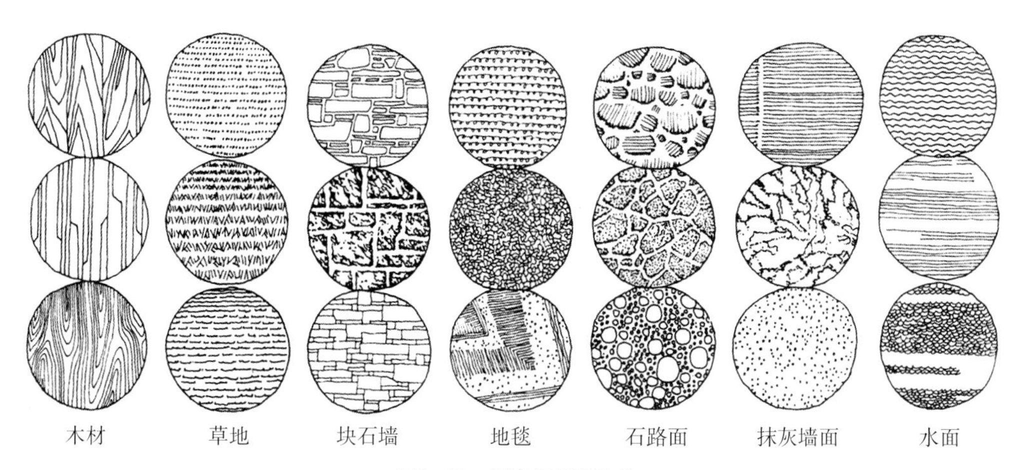

图3-10 用线条表现质感

• 总 结

通过线条的组合练习，能够掌握快速线条的排列，运笔时用力要均衡，线条之间的变化要疏密有序。

线条的表现方式多种多样，可以用无数的线条组合成面，再由面组成空间。这种练习方法有助于对空间的理解和掌握光影的基本关系。

• 自主实践

作业：完成造型排线练习（图3-11）。

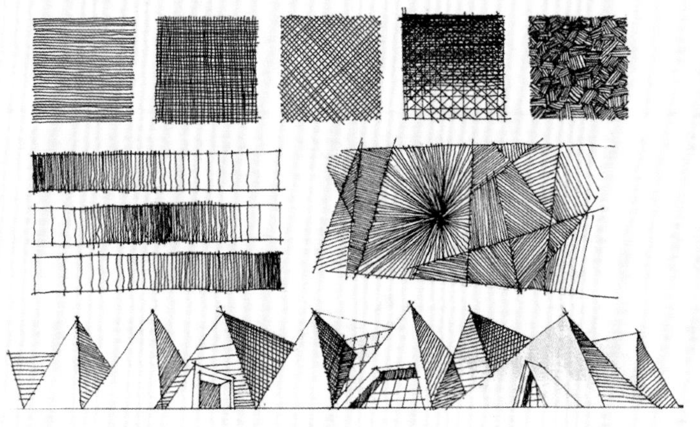

图3-11 造型排线练习

3.1.3 立体形象思维与表现

对二维线型的绘制有了一定的了解、把握之后，就要进入立体造型与基础空间形态的学习领域。在学习了透视原理之后，以此来理解造型与空间构成的关系，训练对立体形态进行构思的能力，建立立体形象思维框架。

（1）体块排列组合表现训练

体块排列组合表现训练如图3-12所示。

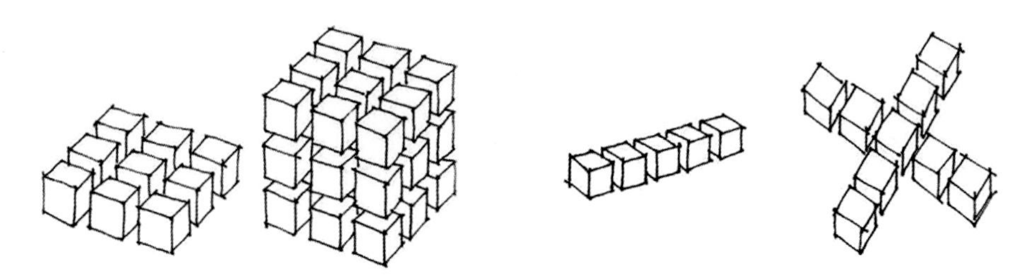

图3-12　体块排列组合表现训练

（2）体块对位插接构思与表现训练

体块对位插接构思与表现训练如图3-13所示。

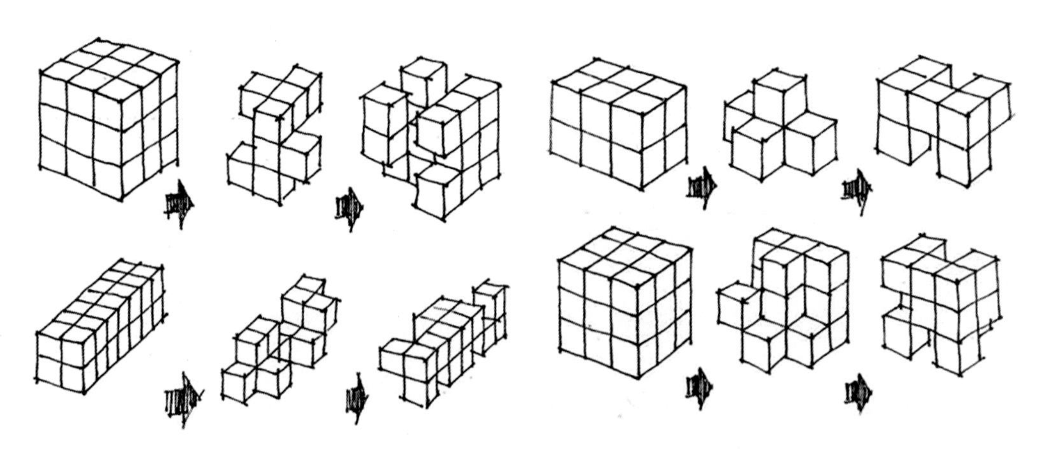

图3-13　体块对位插接构思与表现训练

（3）造型穿插表现训练

造型穿插表现训练如图3-14所示。

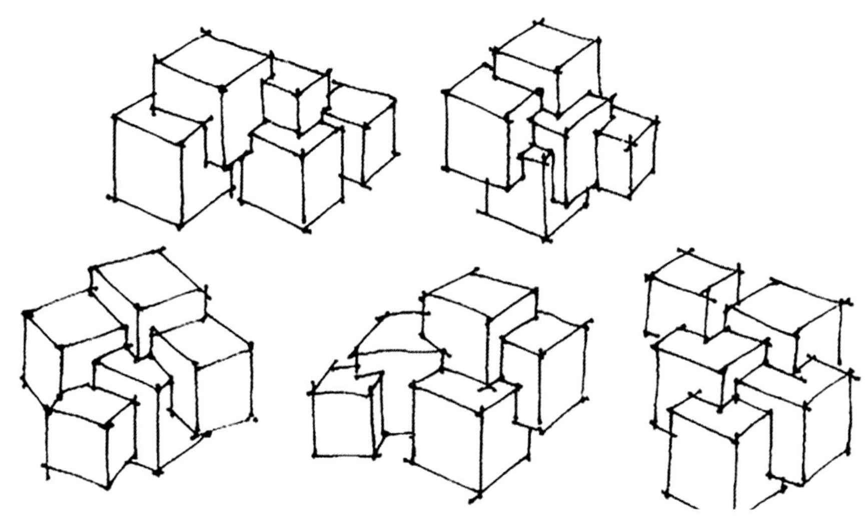

图3-14　造型穿插表现训练

（4）体面动态关系训练

体面动态关系训练如图3-15所示。

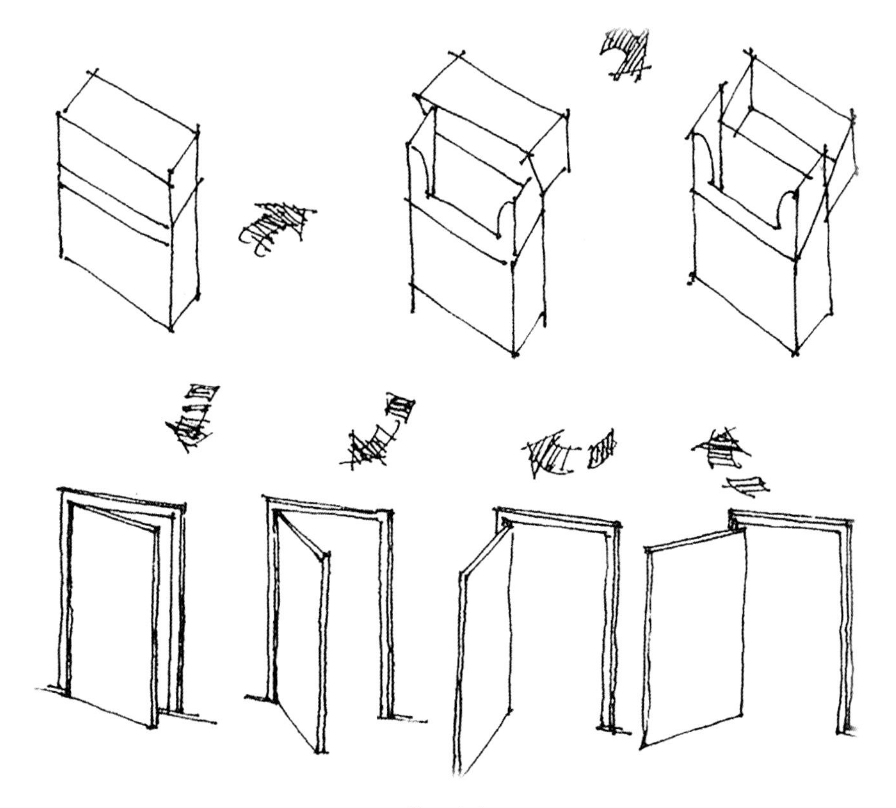

图3-15　体面动态关系训练

• 总 结

线条是表现透视最直接的元素。画面想要表现立体感，首先一定要将物体的体积体现出来，尤其是前后的体积差异，这是纵深感的主要来源。其次在训练中要通过物体的结构、体块、前后遮挡关系练习，着重训练空间立体形象思维。最后要把线条的层次感体现出来，也就是利用线条的深浅轻重、粗细虚实来体现物体的主次关系。

提高线条表现力的最好办法是，反复描摹优秀作品，分析线条的构成，多多重复，百炼成钢。

• 自主实践

作业：完成本小节体块空间练习。

3.2 单体家具线稿绘制

单体家具是构成室内空间的基本元素之一，在设计中应针对室内空间的整体风格来选择与其搭配的家具组合，完善室内设计。在进行整体空间绘制之前，应首先对单体家具进行专项练习，掌握各种风格和形态家具的画法，然后逐渐增加难度。

3.2.1 沙发线稿绘制

在绘制之前，可以先把沙发归纳成几何形体，来概括沙发的特点。

（1）单人沙发的线稿绘制

①用铅笔定位沙发的投影，并注意透视要准确。单人沙发的长度一般为850~950mm，宽度一般为850~900mm。虽然长度和宽度基本相同，但是由于透视的原因，在表达时要明确侧重表现哪个面，如果侧重表现正面，那么正面的透视线会显示得正常一些，而侧面的透视线就会相对缩短。图3-16就是侧重于表现正面的位置。因此侧面的线条就要注意不可画得过长，不然比例就会出错。

②用单线画出沙发的靠背、扶手和坐面的高度，注意比例要准确。沙发的靠背高度一般为700~900mm，坐面高一般为350~420mm。在绘制之前一定要先了解基本的尺寸，这样才能画出准确的造型（图3-17）。

③在单线的基础上进一步刻画沙发的轮廓，要注意形态的准确性（图3-18）。

④用绘图笔画出沙发的外形，用线要坚定有力，转折部位要清晰（图3–19）。

⑤画出沙发的阴影效果。在手绘中，阴影的处理要概括，用简单的线条体现出形体的转折关系即可，排线的方向要统一，不可画乱（图3–20）。

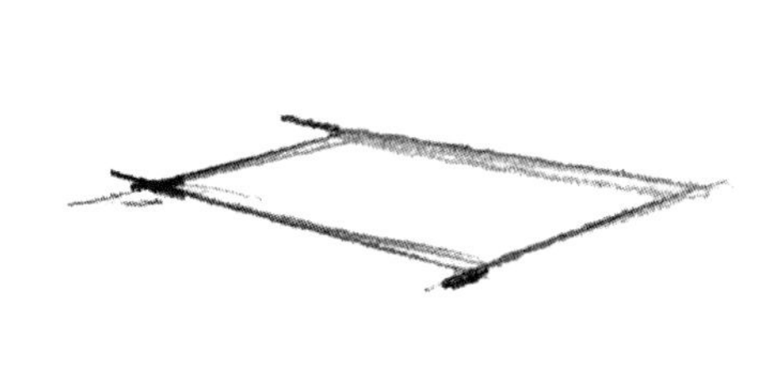

图3–16　定位沙发的投影（作者：贺思英）

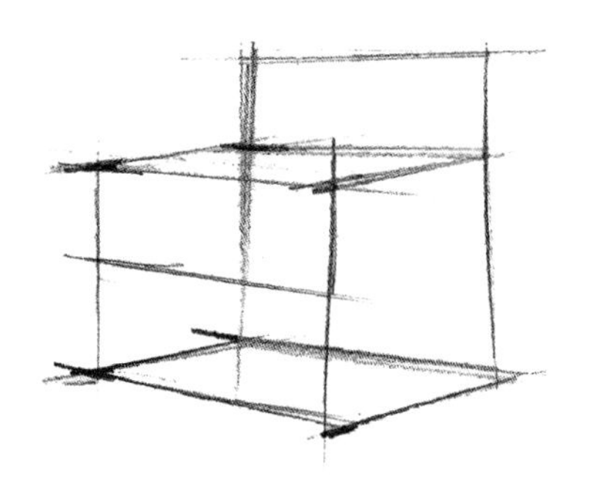

图3–17　画出整体轮廓（作者：贺思英）

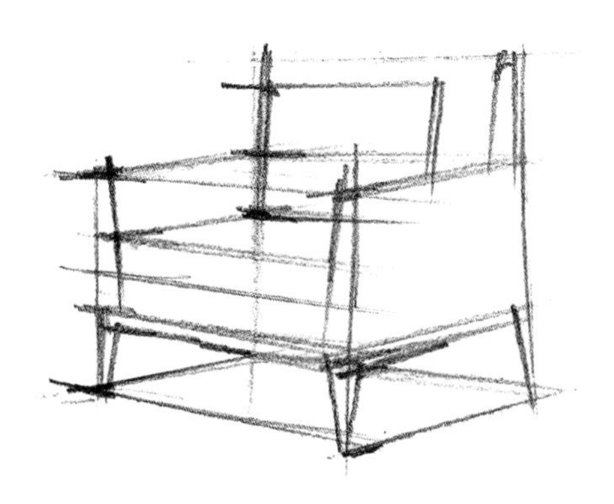

图3–18　进一步刻画沙发轮廓（作者：贺思英）

图3–19　用绘图笔画出沙发的外形（作者：贺思英）

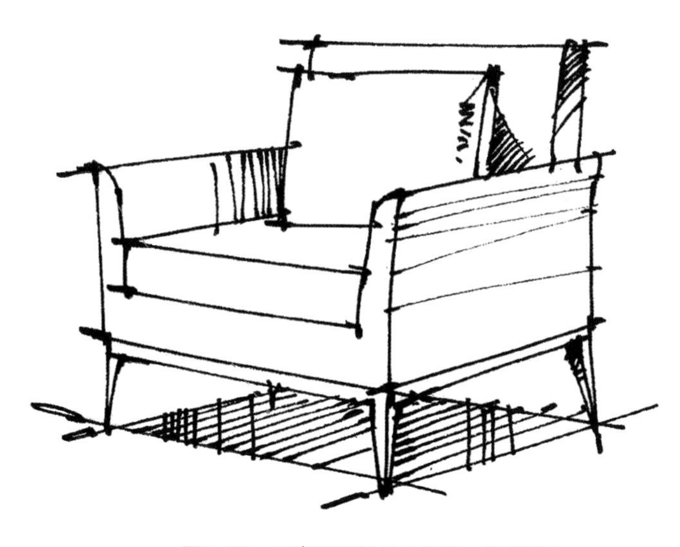

图3–20　画出阴影效果（作者：贺思英）

（2）转角沙发的线稿绘制

①用铅笔定位沙发的投影，并注意透视要准确（图3–21）。

②勾画出沙发的外形结构（图3–22）。

③用针管笔画出沙发的具体形态（图3–23）。

④用针管笔添加阴影效果和纹理，注意阴影部分要衬托形体，排线要整体。有时为了体现丰富的效果，可以在靠垫上点缀一些图案（图3–24）。

图3–21　定位转角沙发的投影（作者：贺思英）

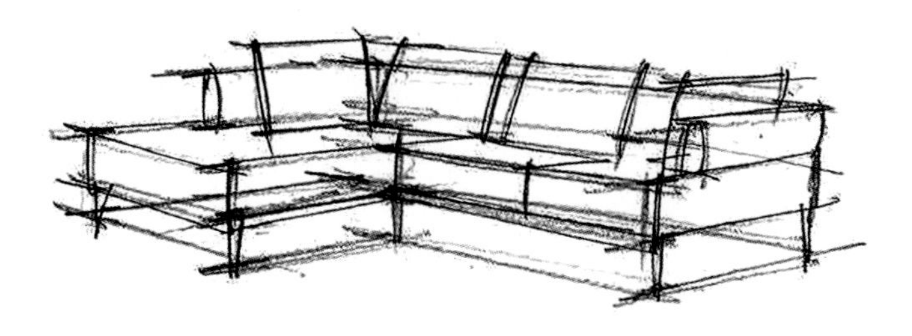

图3–22　勾画外形结构（作者：贺思英）

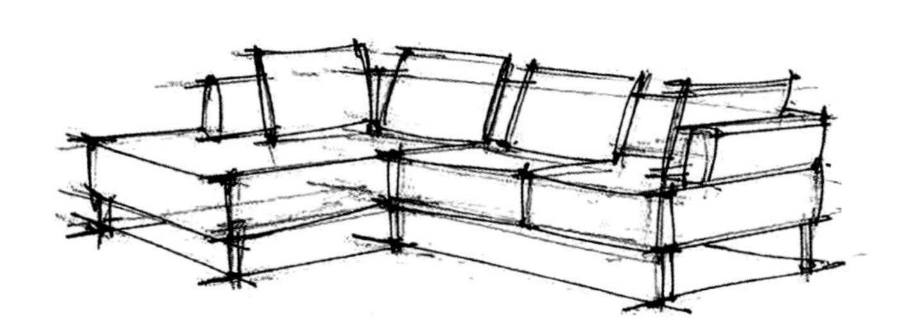

图3–23　用针管笔画出具体形态（作者：贺思英）

图3–24　用针管笔添加阴影效果和纹理（作者：贺思英）

3.2.2　椅子线稿绘制

图3-25　椅子照片

椅子的绘制方法和沙发大致相同，都是先将其概括成几何形体，然后在此基础上进行细节的绘制，这样才能准确地把握好造型。

3.2.2.1　普通椅子的线稿绘制

根据图3-25中椅子照片进行手绘的步骤如下（图3-26）。

①用单线画出椅子的靠背、扶手和椅座的大体位置。

②在单线的基础上大致勾勒出细节。

③用绘图笔画出椅子的结构，深入刻画细节，添加阴影效果。

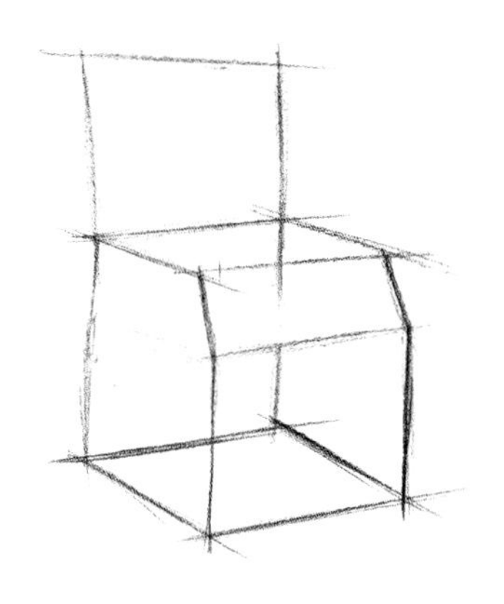

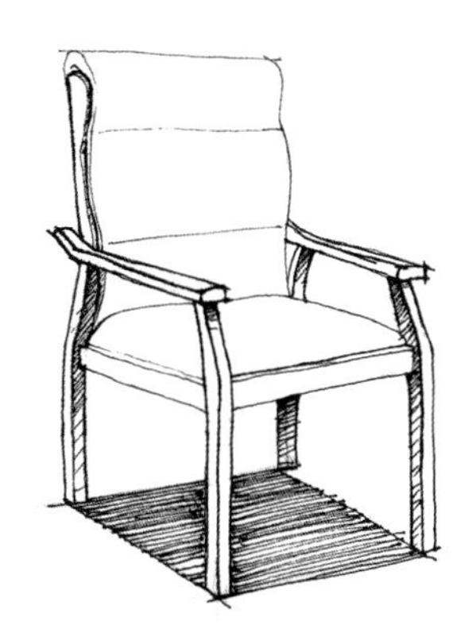
图3-26　普通椅子的线稿绘制过程（作者：贺思英）

3.2.2.2　转椅的线稿绘制

转椅的线稿绘制如图3-27所示。

图3-27　转椅的线稿绘制（作者：贺思英）

3.2.3 书柜线稿绘制

书柜的线稿绘制过程如图3–28所示。

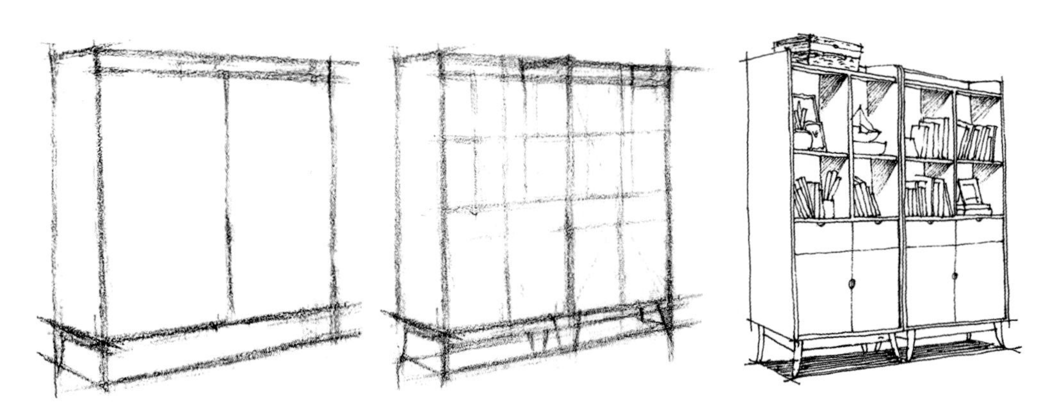

图3–28 书柜的线稿绘制过程（作者：贺思英）

3.3 组合家具线稿绘制

前面介绍了单体家具的线稿画法，熟悉了各种不同的家具样式、比例和结构等，也基本掌握了单体家具表现的一些方法。有了一定的基础之后，就可以进行组合家具的绘制练习了。组合家具线稿绘制的主要步骤如下。

步骤一：用铅笔确定视平线、灭点及轮廓在纸张中的位置（图3–29）。

图3–29 确定大致轮廓关系（作者：贺思英）

步骤二：勾勒出物体不同形体的轮廓变化（图3-30）。

图3-30　勾勒不同形体的轮廓变化（作者：贺思英）

步骤三：深入刻画细节，如布艺、陈设的光影等，加强画面投影关系（图3-31）。

图3-31　深入刻画细节（作者：贺思英）

步骤四：加强暗部和投影关系，使画面感更强烈（图3-32）。

图3-32　加强暗部和投影关系（作者：贺思英）

3.4　家具线稿绘制范例

前面讲解介绍了单体家具和组合家具的绘制步骤，为了能让大家深入学习，这里展示一些范例供大家参考。

3.4.1　家具单体陈设线稿绘制范例

家具单体陈设线稿绘制范例如图3-33~图3-38所示。

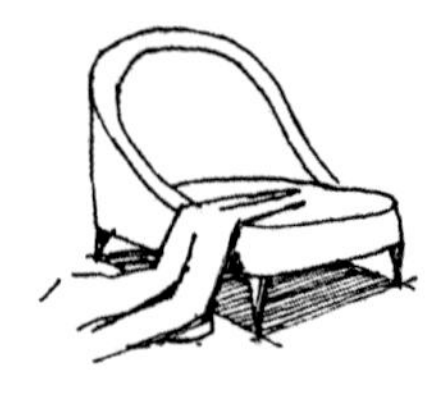

图3-33　沙发线稿绘制范例一（作者：庞广成）

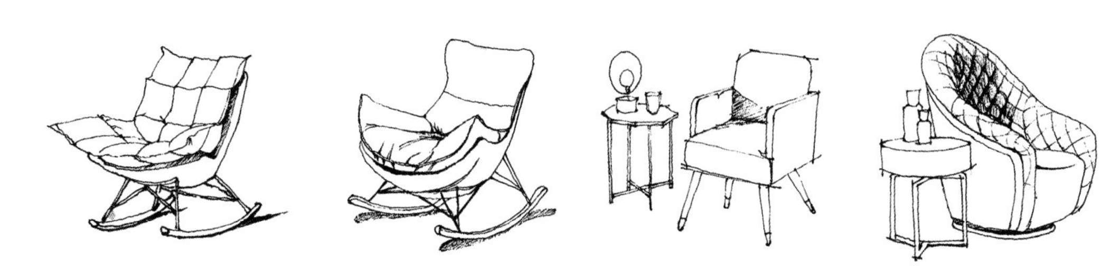

图3-34　沙发线稿绘制范例二（作者：贺思英）

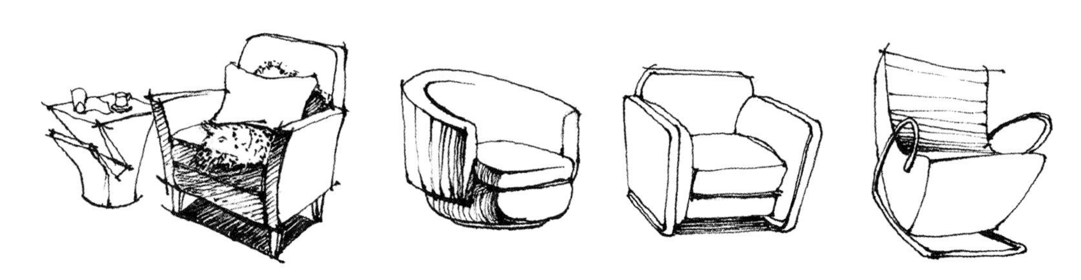

图3-35　沙发线稿绘制范例三（作者：贺思英）

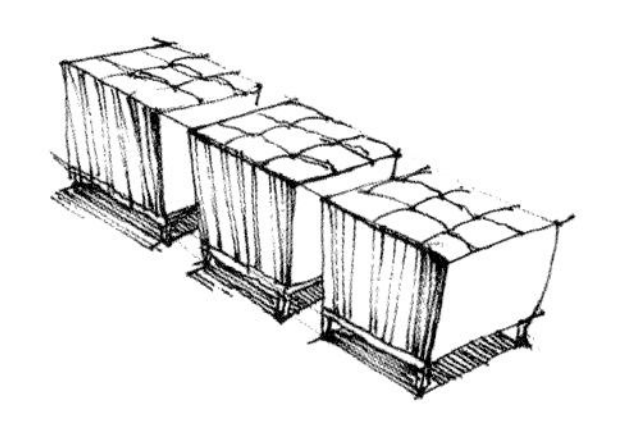

图3-36

图3-36　沙发线稿绘制范例四（作者：贺思英）

图3-37　餐桌线稿绘制范例（作者：贺思英）

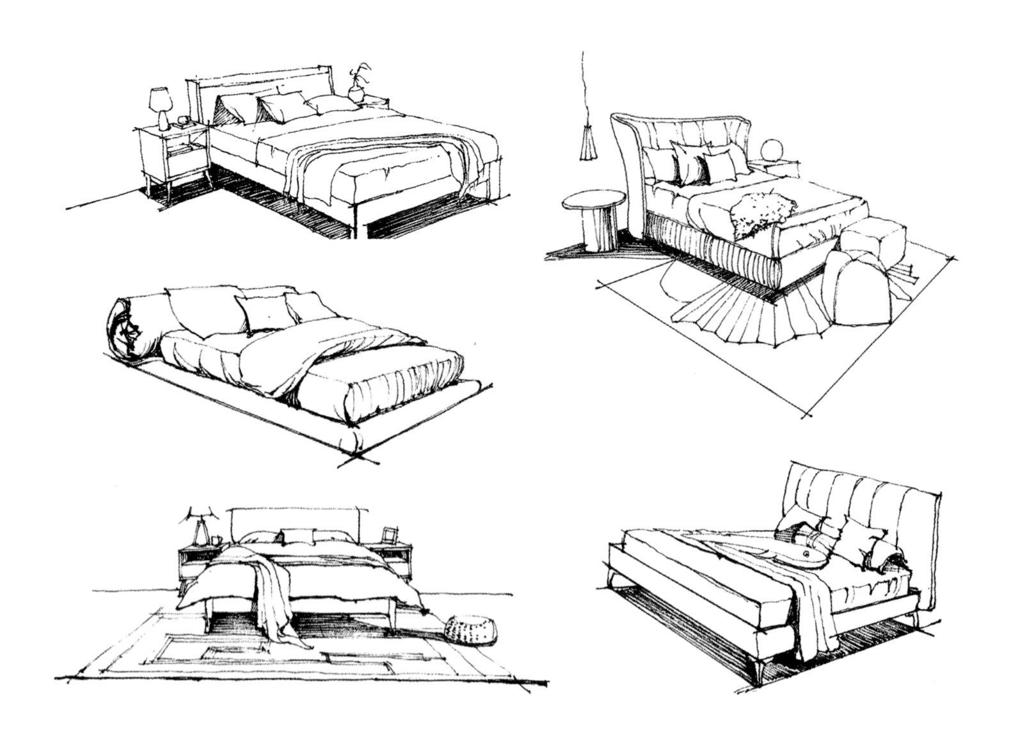

图3-38　床线稿绘制范例（作者：贺思英）

3.4.2　家具组合陈设线稿绘制范例

家具组合陈设线稿绘制范例如图3-39、图3-40所示。

图3-39　沙发组合线稿绘制范例（作者：贺思英）

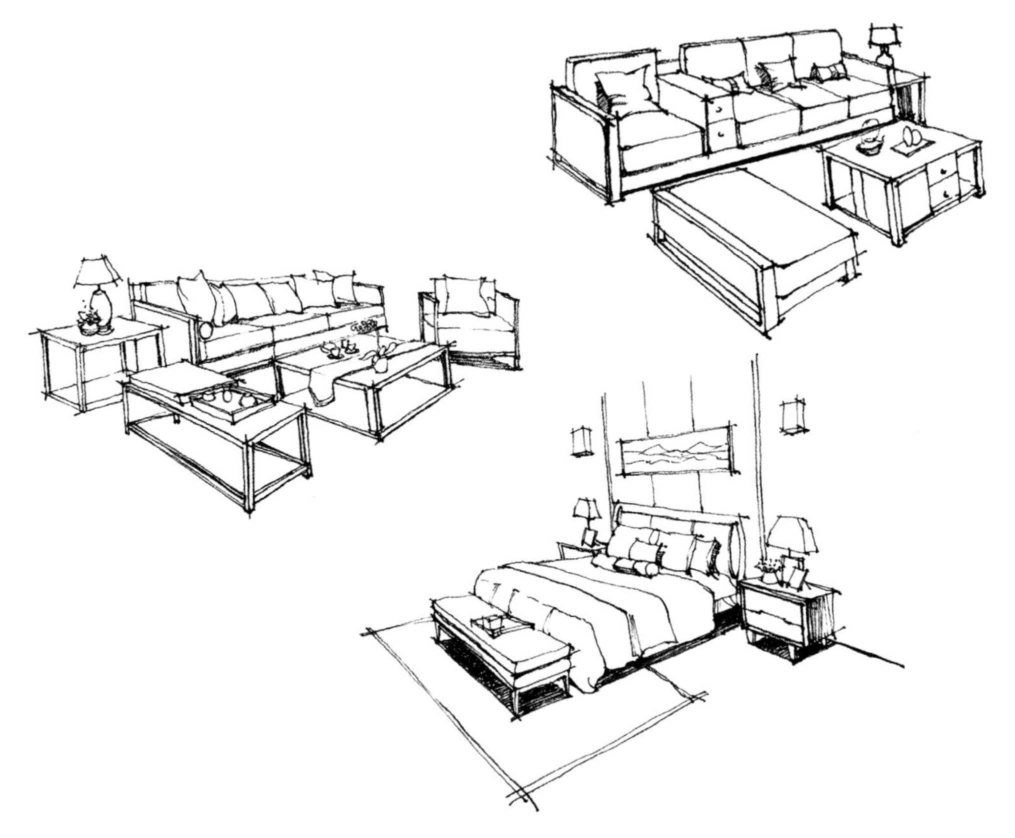

图3-40　沙发、床组合线稿绘制范例（作者：贺思英）

3.4.3 布艺、织物线稿绘制范例

布艺、织物线稿绘制范例如图3-41、图3-42所示。

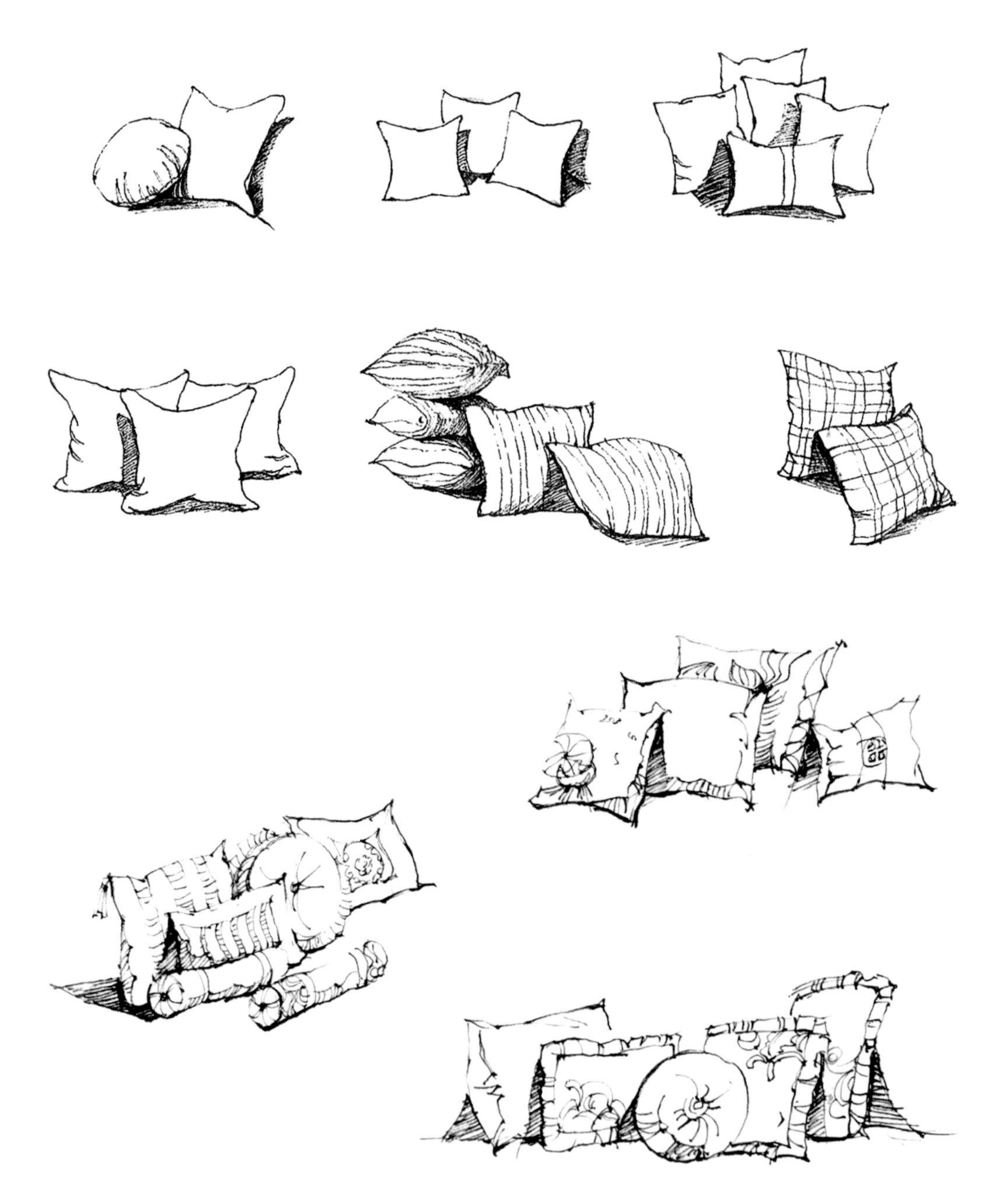

图3-41 抱枕线稿绘制范例（作者：贺思英）

图3-42　窗帘、桌布等线稿绘制范例（作者：贺思英）

3.4.4 灯具线稿绘制范例

灯具线稿绘制范例如图3-43所示。

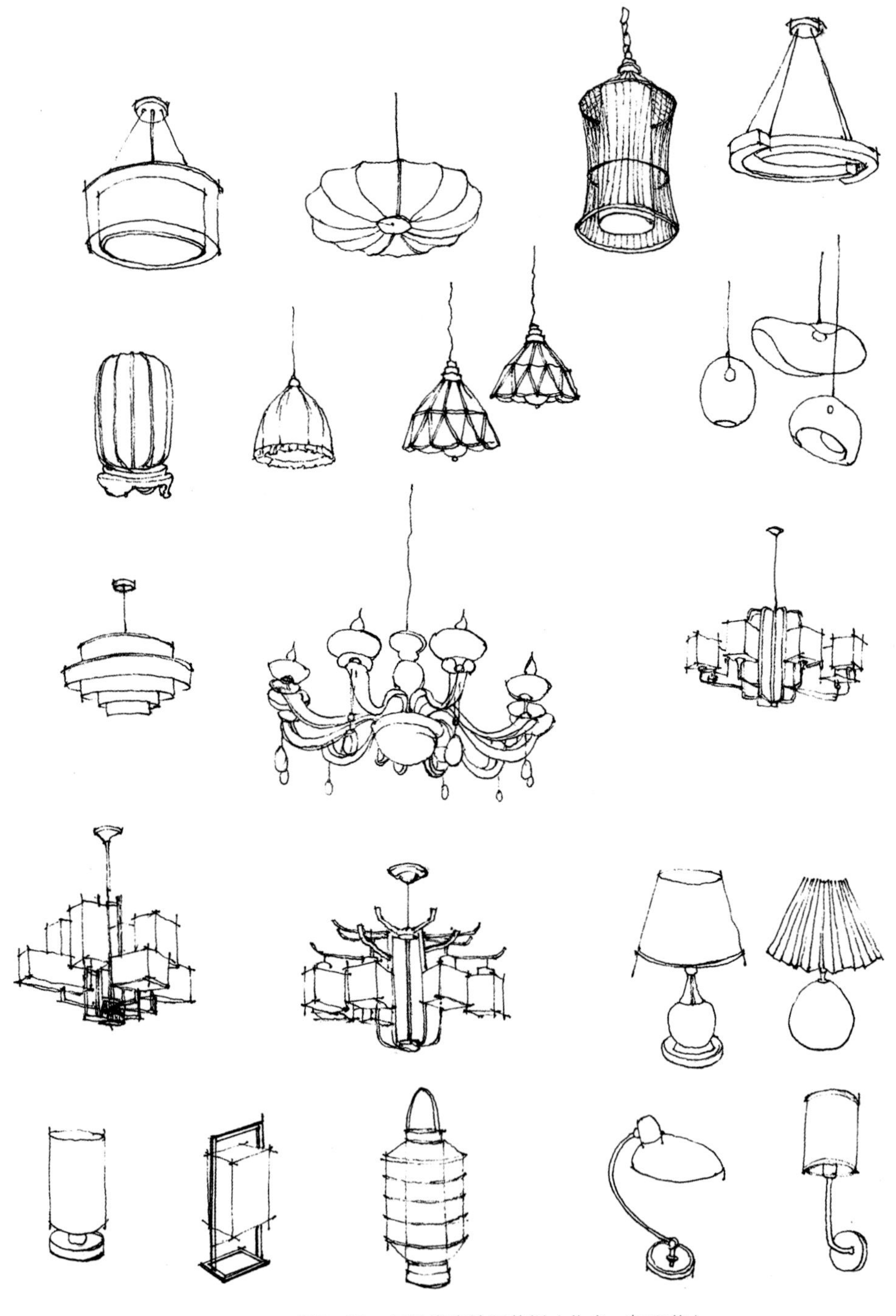

图3-43 灯具线稿绘制范例（作者：贺思英）

3.4.5　室内绿植线稿绘制范例

室内绿植线稿绘制范例如图3-44所示。

图3-44　室内绿植线稿绘制范例（作者：贺思英）

3.4.6 室内陈设小品线稿绘制范例

室内陈设小品线稿绘制范例如图3-45所示。

图3-45 室内陈设小品线稿绘制范例（作者：贺思英）

本章小结

本章介绍了手绘线稿表现基础，重点讲解室内沙发线稿画法步骤、室内组合家具线稿画法步骤，有助于学习者奠定扎实的手绘表现基础，为后面更好地进行室内空间设计做好准备。

思考与练习

试着对室内不同家具陈设单体进行手绘线稿表现练习。

第4章

室内空间线稿表现

本章重点

进一步掌握透视原理，综合运用手绘线条。

学习目标

学会用线条塑造室内空间氛围。通过线条的方向与疏密变化，按照空间界面的转折和结构关系画出黑、白、灰三个基本色，体现出画面的空间感、层次感、质感与量感，使画面具有很强的视觉冲击力。

（扫码观看本章视频）

4.1 家居空间线稿表现

本节将对家居空间线稿表现的步骤进行详解。它们的表现方法既有共同点，也有不同点。徒手表现的灵活性较大，这就需要我们有很好的应变能力，如果能在各个空间训练的过程中不断地磨炼和探索，那么表现任何一组空间都可以得心应手。

4.1.1 家居空间线稿表现基本步骤

以客厅为例，家居空间线稿表现步骤如下。

①用铅笔勾画出空间的基本墙面，要注意透视准确（图4–1）。

②用绘图笔勾画出空间的整体轮廓，注意结构要清晰，形体要准确（图4–2）。

③用排线的方法描绘各对象的明暗关系、空间前后关系（图4–3）。

图4–1 客厅线稿表现步骤一（作者：贺思英）

图4-2　客厅线稿表现步骤二（作者：贺思英）

图4-3　客厅线稿表现步骤三（作者：贺思英）

4.1.2 家居空间线稿表现范例

家居空间（客厅）线稿表现范例如图4-4~图4-6所示。

图4-4 客厅线稿表现范例一（作者：贺思英）

图4-5 客厅线稿表现范例二（作者：贺思英）

图4-6　客厅线稿表现范例三（作者：贺思英）

4.2　办公空间线稿表现

4.2.1　办公空间线稿表现基本步骤

以售楼部接待区为例，办公空间线稿表现的基本步骤如下。

①用铅笔勾画出空间的初步轮廓，要注意透视准确（图4-7）。

②用单线深化空间造型的线稿（图4-8）。

③在原有的基础上对整体空间进行细致刻画，注意小局部的透视也要准确（图4-9）。

4.2.2　办公空间线稿表现范例

通过前面的步骤讲解，我们已经了解到室内空间线稿绘制的基本要领。下面提供一些优秀的办公空间线稿表现范例作品供大家临摹，希望大家认真练习并做到熟能生巧（图4-10~图4-13）。

图4-7 售楼部接待区效果图线稿初步轮廓（作者：贺思英）

图4-8 售楼部接待区效果图线稿深化（作者：贺思英）

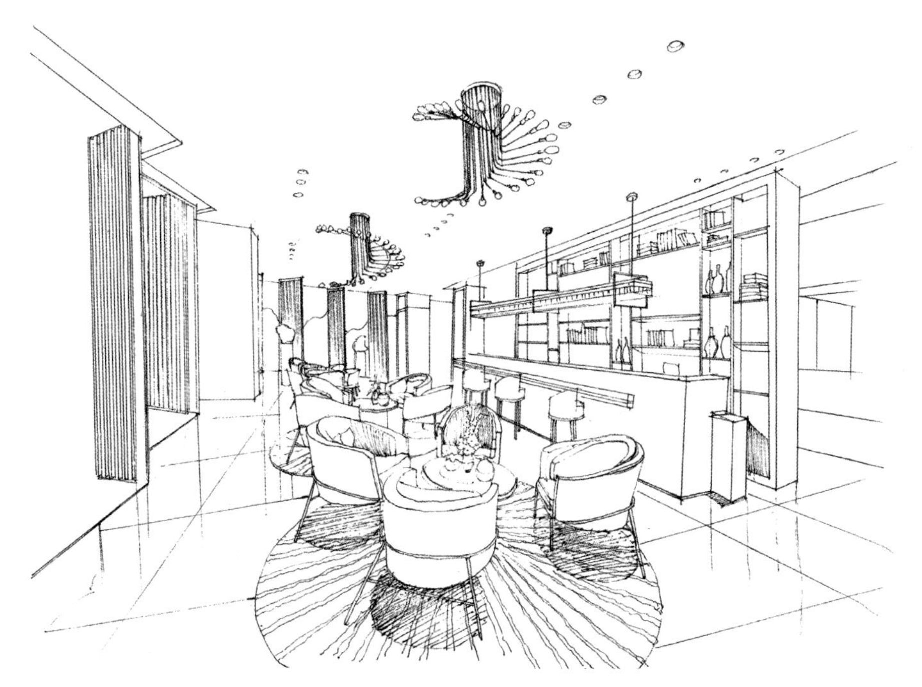

图4-9　售楼部接待区效果图线稿细部刻画（作者：贺思英）

图4-10　办公空间效果图线稿表现范例一（作者：贺思英）

图4-11　办公空间效果图线稿表现范例二（作者：贺思英）

图4-12　办公空间效果图线稿表现范例三（作者：贺思英）

图4-13　办公空间休息区效果图线稿范例（作者：贺思英）

4.3　商业空间线稿表现

4.3.1　商业空间线稿表现基本步骤

商业空间线稿表现基本步骤如下。

①先用铅笔起稿，确定灭点与视平线的位置，再大概定位墙体结构与造型线、餐桌等物体的轮廓，如图4-14所示。

图4-14　用铅笔绘制大致轮廓（作者：贺思英）

②继续用铅笔在大框架的基础上刻画空间造型的细节，为后期勾线做准备（图4-15）。

图4-15　铅笔刻画造型（作者：贺思英）

③用绘图笔勾画出空间的整体轮廓，并对细部进行刻画。注意结构要清晰，形体要准确（图4–16）。

图4–16　线稿细部刻画（作者：贺思英）

4.3.2　商业空间线稿表现范例

通过前面的步骤讲解，我们已经了解到商业空间室内线稿绘制的基本要领。下面提供一些优秀的商业空间线稿表现实例作品供大家临摹，希望大家认真练习并做到熟能生巧（图4–17~图4–20）。

图4-17　商业空间线稿表现范例一（作者：贺思英）

图4–18　商业空间线稿表现范例二（作者：贺思英）

图4–19　商业空间线稿表现范例三（作者：贺思英）

图4-20　商业空间线稿表现范例四（作者：贺思英）

4.4　学生作业点评

下面这些作品是编者所带学生的课程作业，编者对这些作业进行点评，指出值得借鉴的优点和有待提升的不足之处，希望帮助读者更好地掌握室内空间线稿表现（图4-21~图4-27）。

图4-21　卧室空间线稿表现一（作者：陆思霞　指导老师：贺思英）

【教师点评】 该同学采用铅笔、直尺等工具，根据平面图推敲出透视效果图，采用两点透视画法，将卧室空间方案设计表现得较为全面，透视准确，并表现出了各饰面材质的质感。缺点是线条较为生硬，后期作图要放开尺子，线条要流畅、挺拔、洒脱，画面则会更加生动。

图4-22　卧室空间线稿表现二（作者：余茂平　指导老师：贺思英）

【教师点评】 此效果图同样是根据平面图推敲出的效果图线稿，空间两点透视准确，具备较好的空间想象能力。不足之处在于床的高度偏低，空间尺度不太合理，另外吊顶的筒灯透视不对。

图4-23 客厅空间线稿表现一（作者：苏俊桦 指导老师：贺思英）

【教师点评】 此效果图采用一点透视画法，优点是线条流畅、大胆洒脱、笔法生动，不足之处在于筒灯的透视不对。

图4-24 客厅空间线稿表现二（作者：苏俊桦 指导老师：贺思英）

【教师点评】 此效果图采用一点透视画法，同样根据平面布置图绘制空间效果图。该学生具备较扎实的基本功，能够快速根据二维平面图进行三维空间的表现。此作品线条流畅、画面生动丰富，生活气息较浓。

图4-25　客厅空间线稿表现三（作者：庞千禧　指导老师：贺思英）

【教师点评】 该学生具备较扎实的基本功，能够快速根据二维平面图进行三维空间的表现。此作品线条流畅、干脆利索、简洁明了，使客厅空间具有现代感。

图4-26　教室空间线稿表现一（作者：莫子鑫　指导老师：贺思英）

【教师点评】 本作品是学生对教室的现场写生，采用铅笔和尺规作图，一点透视。在作图中注意水平线要水平，垂直线要垂直，画面纵深方向要交于一个灭点。本作品构图合理饱满，尺度合适，空间结构交代清晰，绘图严谨，表达充分。虽然是初学者，但是可以看出学生对手绘的热爱。

图4-27 教室空间线稿表现二（作者：于朵 指导老师：贺思英）

【教师点评】 本作品为铅笔作图，两点透视。在作图中要注意灭点不能定得太近。本作品构图合理饱满，尺度合适，绘图细腻，有设计感，表达出了室内各陈设的质感，可以看出学生对设计与生活的热爱。

本章小结

本章着重讲解了室内空间线稿表现步骤，先从整体出发把握物体的透视关系，将家具概括成几何形体，然后局部刻画，应做到线条流畅、有虚实和粗细变化，最后可运用不同方向的疏密线条加强画面的黑、白、灰关系，使画面的空间层次感更强。

思考与练习

采用默画的方式，试着对不同功能的室内空间进行手绘表现练习。

第5章

室内单体元素上色与表现

本章重点与难点

重点：马克笔上色技法与综合表现力。

难点：用马克笔表现出物体的立体感、空间感与质感。

（扫码观看本章视频）

学习目标

能较好地完成构图并绘制单体线稿；能选用适宜的快速上色工具为单体上色，表现力好；能掌握单体的上色临摹方法；能较好地进行单体上色表达和表现。

5.1 手绘色彩基础知识

一幅手绘设计效果表现图，要体现画面的真实性就离不开色彩的运用，所以对于色彩的掌握是至关重要的。现今的生活中，人们越来越多地受到色彩的影响，室内设计非常讲究色彩与色调的搭配。色彩的运用一方面能满足生活功能的需要，另一方面又能满足人们视觉和情感的需要。本节主要讲解色彩的属性、三要素以及特性等内容。

5.1.1 设计色彩的属性

（1）色彩的固有色

固有色就是物体本身所呈现的色彩。对于固有色，要准确地把握物体的色相（图5-1）。固有色在一个物体中占有的比例最大，物体固有色最明显的地方就是受光面与背光面的中间部分，也就是绘画中的灰部。在这个范围内，物体受外部条件色彩的影响较小，它的变化主要是明度变化和色相本身的变化，它的饱和度也往往最高。

图5-1 物体固有色

（2）光源色

光源色是指某种光线（太阳光、月光、灯光、烛光等）照射到物体上所产生的色彩变化。

在日常生活中，同样一个物体在不同的光线照射下会呈现不同的色彩变化。比如同是阳光，早晨、中午、傍晚的色彩也是不相同的，早晨偏黄色、玫瑰色；中午偏白色，而黄昏则偏橘红色、橘黄色。阳光还因季节的不同而呈现出不同的色彩变化。光源颜色越强烈，对固有色的影响也就越大，甚至可以改变固有色（图5-2~图5-4）。

图5-2 自然光条件下物体的色调偏冷

图5-3 光源改为普通灯泡后，画面变成了暖色调

图5-4 主要光源略微偏绿，整个画面调子随之改变

（3）环境色

环境色是指在各类光源的照射下，环境所呈现的颜色。物体表面受到光照后，除吸收一定的光外，也能反射到周围的物体上，即环境色是受光物体周围环境的颜色，是反射光的颜色。

例如，在图5-5中，由于背景色彩的改变，几种水果的颜色也呈现不同的变化。

（a）水果与玫瑰红背景形成强烈的补色对比

（b）水果受黄色衬布的影响，颜色偏暖

（c）颜色偏冷

图5-5　环境色的影响

5.1.2　色彩三要素

凡是色彩都会同时具有色相、明度、纯度。它们是色彩中最重要的三个要素，也是最稳定的要素。

（1）色相

色相是指色彩的相貌，是色彩最显著的特征，是不同波长的色彩被感知的结果。光谱上的红、橙、黄、绿、青、蓝、紫就是七种不同的基本色相（图5-6）。

图5-6　色相环

（2）明度

明度是指色彩的明暗、深浅程度的差别，它取决于反射光的强弱。明度包括两个含义：一是指一种颜色本身的明与暗；二是指不同色相之间存在着明与暗的差别（图5-7）。

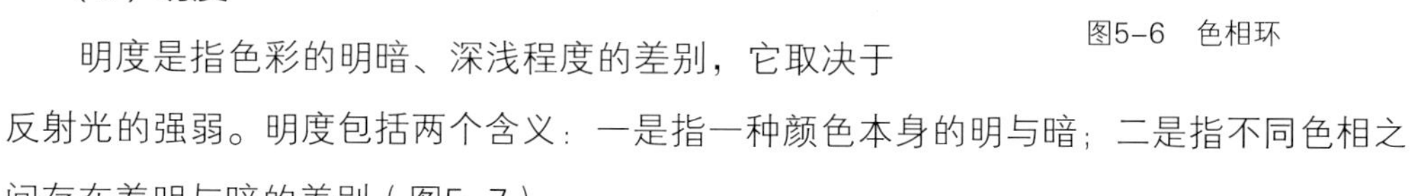

图5-7　明度对比

（3）纯度

纯度是指色彩色素的纯净和浑浊的程度，也称色彩的饱和度。纯正的颜色无黑白或其他颜色混入。纯度低的颜色给人灰暗、淡雅或柔和之感。纯度高的颜色给人鲜明、突出、有力之感，但是单调刺眼，而混合太杂则容易脏，使色调灰暗（如图5-8、图5-9所示）。

图5-8　高纯度的色彩　　图5-9　低纯度的色彩

5.1.3　色彩的特性

（1）冷色调

冷色调来自蓝色系，比如蓝色、青色和绿色。往往使人联想到辽阔的蓝天、粼粼的湖水、冬日里的冰雪，因此有凉爽、清透的视觉效果（图5-10）。

（2）暖色调

暖色调使人联想到太阳的温暖，比如红色、橙色、黄色。在室内设计中，暖色调的装修风格很受人们欢迎，因为暖色调容易给人一种愉快的感觉，会把人笼罩在一种活泼的氛围之中，还能够舒缓心情，甚至可以增强食欲（图5-11）。

5.2　单体家具的上色与表现基本步骤

在进行单体家具的着色与表达时，要学会概括、提炼，在保持物体基本特征的基础上表现形体、光感、色彩和质感的属性，使其形象更生动。

图5-10　冷色调

图5-11　暖色调

5.2.1　茶几上色表现基本步骤

茶几上色表现的基本步骤如下。

①步骤一：首先使用木色系马克笔铺大色调，简单概括光影、色彩关系（图5-12）。

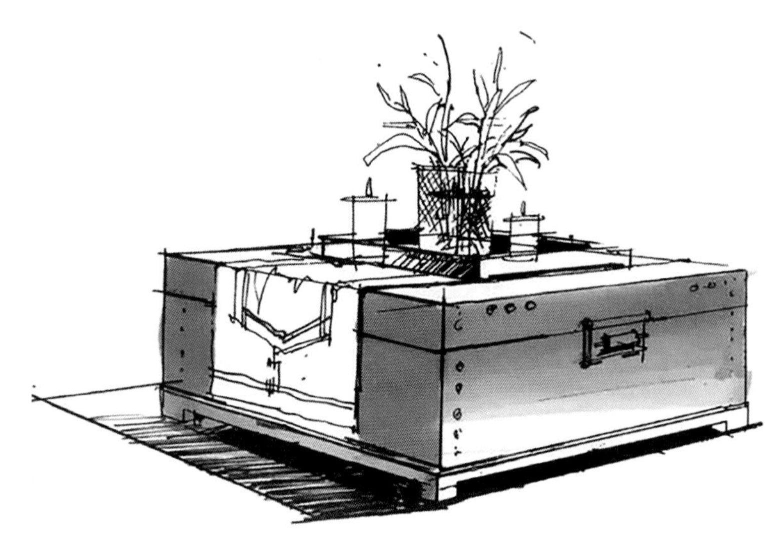

图5-12　铺大色调

②步骤二：强化光影关系，使用暖灰色马克笔加重茶几的暗部。注意区分三个转折面的黑白灰关系（图5-13）。

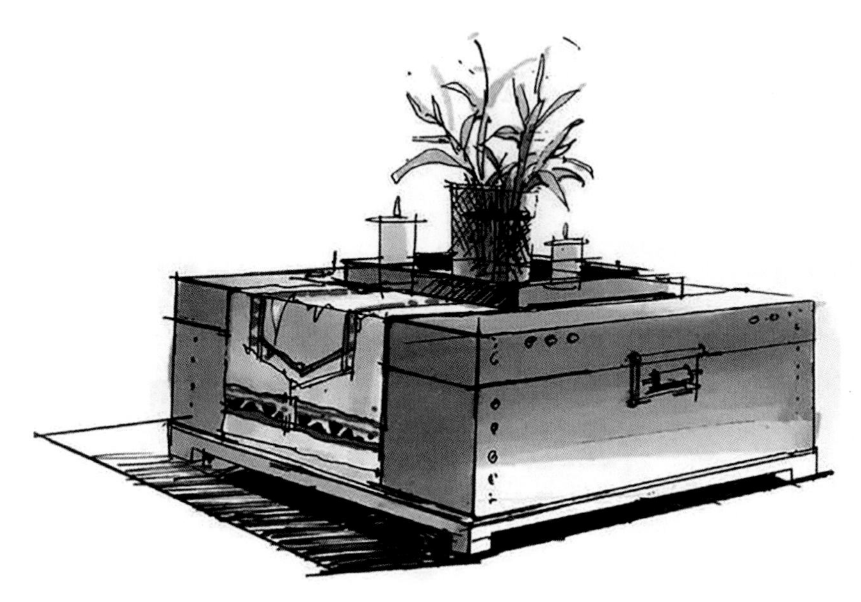

图5-13 强化光影关系

③步骤三：深入刻画细节，加重投影部分，对一些装饰物体、绿植进行着色（图5-14）。

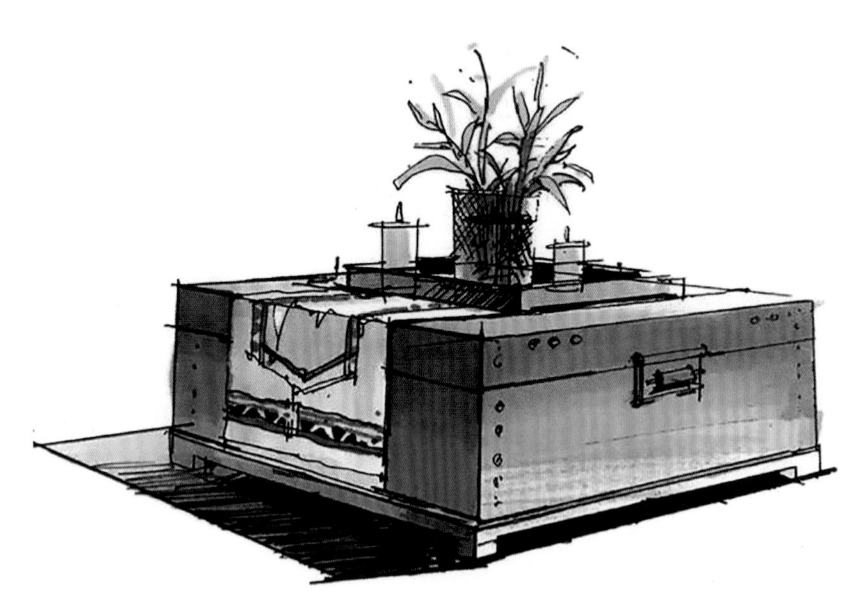

图5-14 深入刻画细节

5.2.2　沙发上色表现基本步骤

单体上色表达，在画铅笔稿时一定要完成准确的线稿造型和透视比例，上色阶段把握好光影关系。线稿方面要注意透视，并深入刻画细节。色彩方面一定要注意冷暖、纯度的对比关系，可用彩铅来过渡画面的色彩衔接，用修正液为“高光区”增添“点睛之笔”（图5-15）。

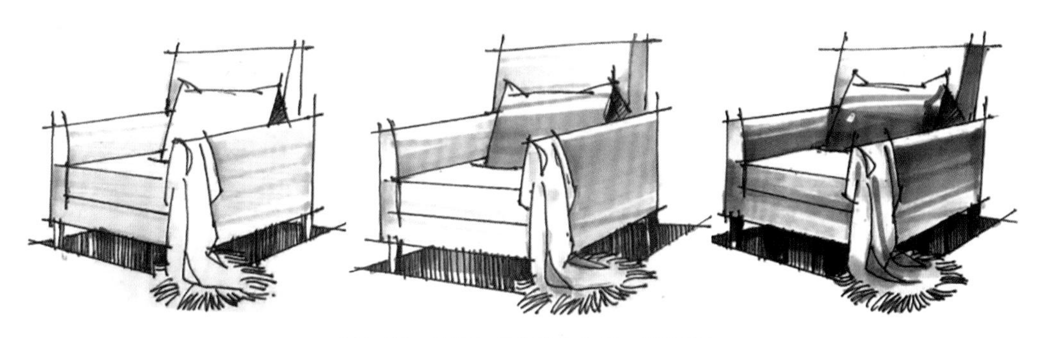

图5-15　沙发上色步骤（作者：王玮璐）

5.3　组合家具的上色与表现基本步骤

组合家具上色宜选择同类色、补色、对比色的关系，通过明度、纯度的对比快速处理家具的体积感并塑造场景的氛围感。处理画面时，笔法需豪放不受拘束，干湿表现技法结合，画面干脆利落。颜色重叠不宜过多，必要时可少量重叠，以呈现更丰富的色彩。整体色调需要把握完整，太艳丽的颜色不能过多使用。最后阶段可以采用重色表达画面暗部和采用较中性暗色统一暗部，使画面沉稳得体、颜色统一。

室内组合家具上色表现的基本步骤如下。

①步骤一：铺大色调，选择适当的颜色用轻快放松的笔触将抱枕和室内的植物表现出来，注意表现好材质的质感（图5-16）。

②步骤二：在明确主题色调后开始大面积上固有色，依次将前后景表现出来，此时需注意前后景的关系，适当加入环境色（图5-17）。

③步骤三：深入刻画近处的沙发、地毯，虚化书柜，近实远虚形成空间感。强调明暗关系，增强对比度（图5-18）。

图5-16 铺大色调（作者：贺思英）

图5-17 物体固有色上色（作者：贺思英）

图5-18　调整深化阶段（作者：贺思英）

5.4　家具上色表现范例

5.4.1　沙发上色表现范例

沙发上色表现范例如图5-19~图5-25所示。

图5-19　沙发单体上色表现范例一（作者：贺思英）

图5-20 沙发单体上色表现范例二（作者：贺思英）

图5-21 沙发单体上色表现范例三（作者：贺思英）

图5-22　沙发单体上色表现范例四（作者：贺思英）

图5-23　组合沙发上色表现范例一（作者：贺思英）

图5-24　组合沙发上色表现范例二（作者：贺思英）

图5-25　组合沙发上色表现范例三（作者：贺思英）

5.4.2　床单体上色表现范例

床单体上色表现范例如图5-26所示。

5.4.3　绿植上色表现范例

绿植上色表现范例如图5-27所示。

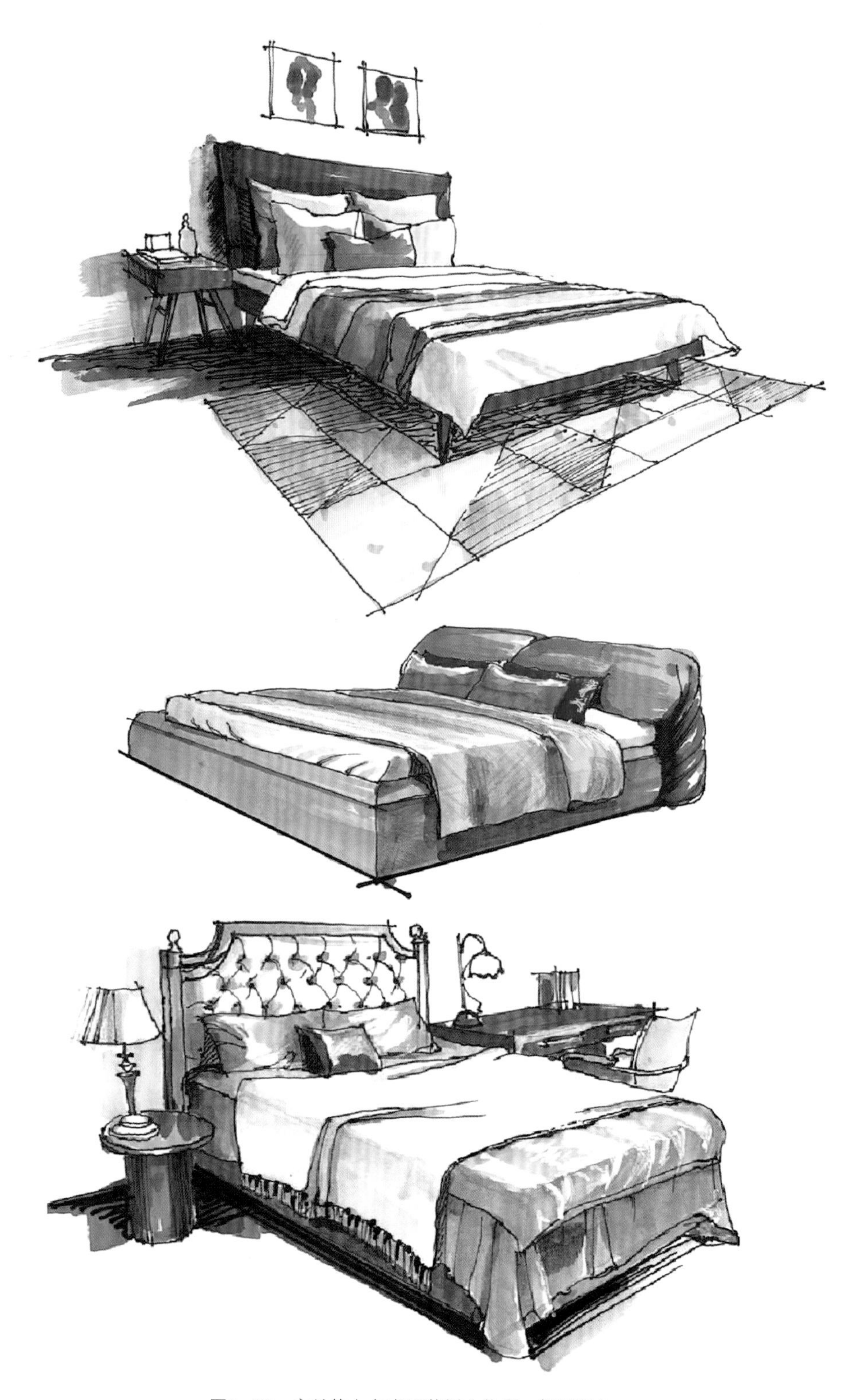

图5-26　床单体上色表现范例（作者：贺思英）

图5-27　绿植上色表现范例（作者：贺思英）

5.5　学生作业点评

图5-28~图5-38是编者所带学生的平时作业。编者对这些作业进行点评，指出值得借鉴的优点和有待提升的不足之处，希望帮助读者更好地掌握室内单体元素的上色与表达。

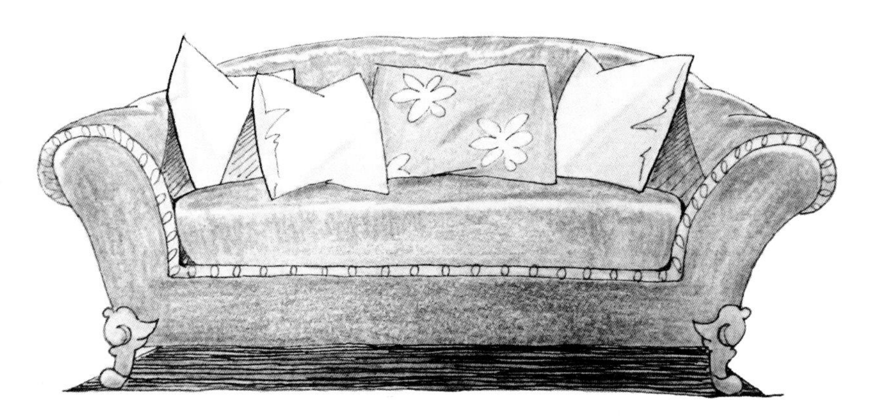

图5-28　沙发上色表现一（作者：张晓钰　指导老师：贺思英）

【教师点评】 该学生采用彩铅表现，透视准确，画出了皮质沙发的质感。

图5-29　沙发上色表现二（作者：陈星旭　指导老师：贺思英）

【教师点评】 该学生采用彩铅表现，透视准确，表现细腻，但色彩上仅有明暗的对比，色彩不够丰富。

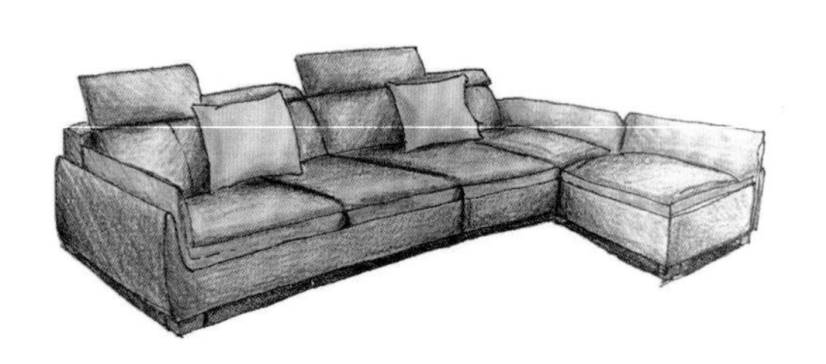

图5-30　沙发上色表现三（作者：庞广成　指导老师：贺思英）

【教师点评】 该学生采用彩铅表现，造型准确，透视变化微妙，形体自然。彩色铅笔上色很好地表现了画面的层次感和沙发的材质感。

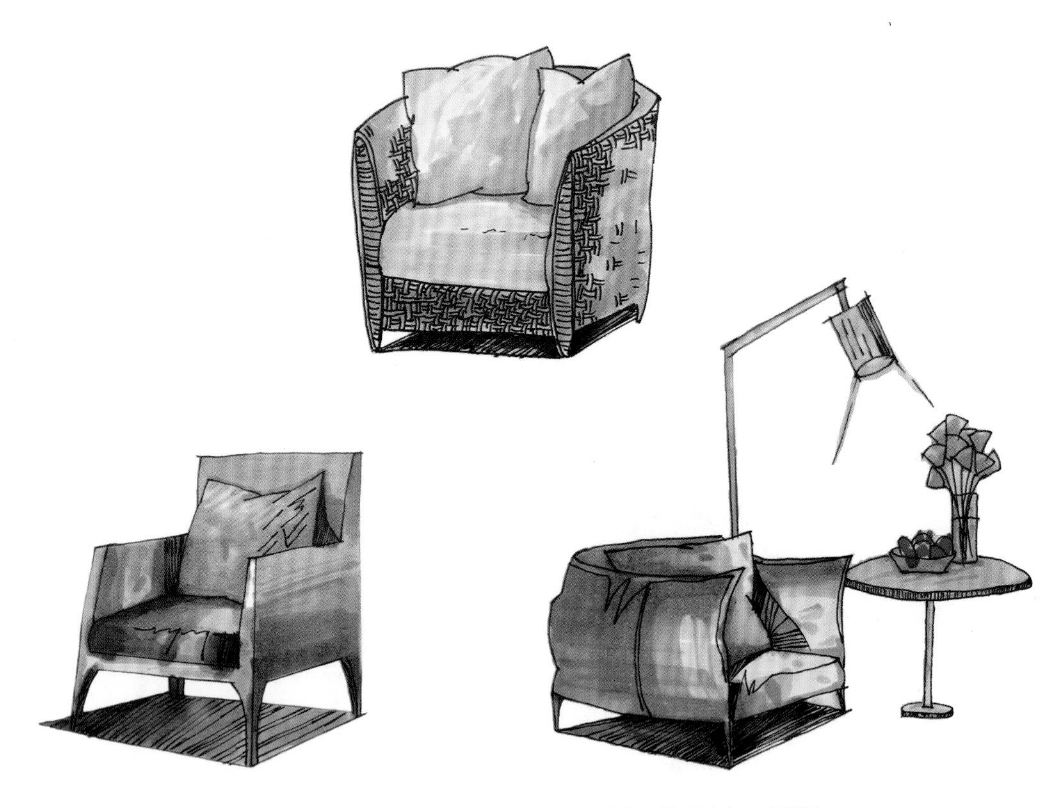

图5-31　沙发上色表现四（作者：杨沛杏　指导老师：杨悦）

【教师点评】 该学生采用马克笔表现，沙发线条流畅，有虚实、粗细变化，运用曲直来表现沙发柔软的质感。马克笔笔触粗细变化有序、节奏感强，重点刻画明暗交界线，增强了沙发的空间感。

图5-32　沙发上色表现五（作者：杨秋霞　指导老师：杨悦）

【教师点评】 作品采用马克笔表现，沙发上色简练大气，整体概括，透视基本正确。

图5-33　沙发上色表现六（作者：杨倩　指导老师：贺思英）

【教师点评】 此沙发组合采用彩铅表现，整体为暖色调，形体塑造准确概括，画面色调明确，用色统一，在上色处理上适当留白，恰到好处。

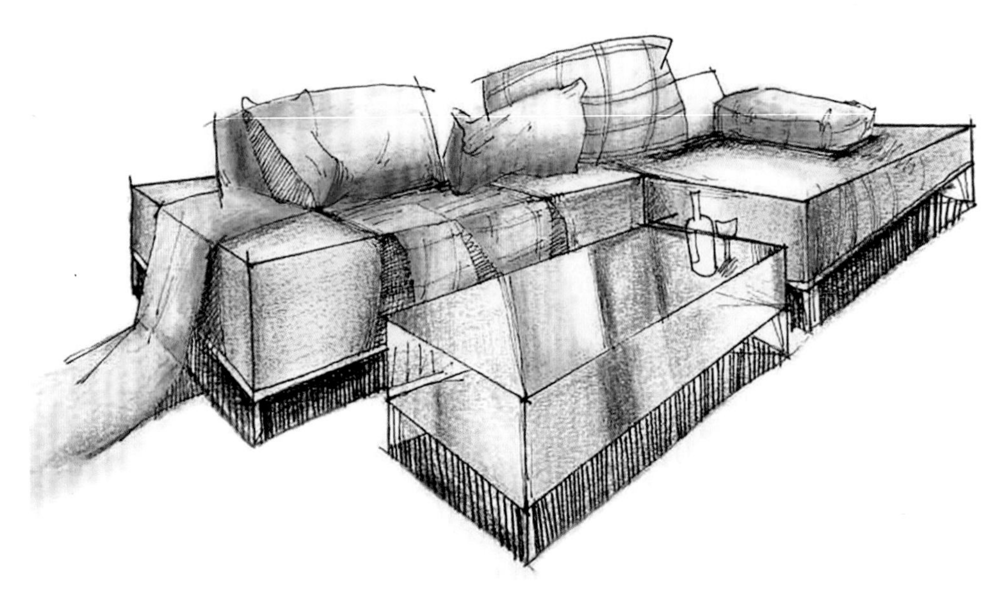

图5-34　沙发上色表现七（作者：杨倩　指导老师：贺思英）

【教师点评】此沙发组合用彩铅表现，勾线干脆利索，构图饱满，色调统一，色彩关系上主要采用了蓝色和橙色两种色调，冷暖对比，体现了较扎实的塑造能力及概括能力。

图5-35　沙发上色表现八（作者：杨秋霞　指导老师：贺思英）

【教师点评】作品采用了马克笔和彩铅结合的方法，用色大胆，对物体形体刻画生动到位，用笔肯定、轻松，体现了较扎实的塑造能力及概括能力，对马克笔工具的掌控和表现技法运用得比较熟练。

图5-36　沙发上色表现九（作者：黄洁欣　指导老师：贺思英）

【教师点评】沙发形体造型准确，在色彩塑造上比较细腻，整体色彩关系明确。暗部还可以继续加强，让黑白灰关系更加突出。

图5-37　沙发上色（作者：于朵　指导老师：贺思英）

【教师点评】沙发形体造型准确，但线稿呆板僵硬，局部色彩用笔不到位，物体刻画简单，色彩塑造能力有待加强。

图5-38　其他单体家具上色表现（作者：韦晓梅　指导老师：贺思英）

【教师点评】 该学生采用水溶性彩铅表现，画出了水彩的效果，整个画面构图饱满，透视准确，色彩感不错，暗部还可以适当加深。

本章小结

本章共讲了五部分内容：第一部分讲解了色彩的基本知识；第二部分讲解了单体家具的着色与表达；第三部分讲解了组合家具的着色与表达，要求学会用概括、整合的方法表现物体与物体之间的光影、空间层次和色彩变化及其关系；第四部分为家具上色表现范例，要求学习者认真参照课本进行练习，能够抓住不同材质的特征，准确地表达各种材质的特点；第五部分为学生作业点评，其目的是让学习者能够读懂并理解每张手绘作品的优点与缺点，从而提高鉴赏水平。

思考与练习

试着对室内不同单体家具进行手绘上色表现练习。

第6章

室内空间效果图上色与表现

本章重点

掌握运用马克笔表现比较复杂形体的结构、体积、光感、质感的技法，进一步拓展用马克笔创作室内效果图时的表现能力。

（扫码观看本章视频）

学习目标

进一步提高室内整体空间线描的造型能力及表现能力，灵活运用马克笔表现室内空间氛围。能辨别室内设计手绘效果图的优点和缺点，能结合专业所需提高室内设计创新能力。

6.1 居室空间上色表现

6.1.1 居室空间上色表现的方法与步骤

居室空间上色表现的方法与步骤如下。

①步骤一：根据透视规律和方法，画出室内空间透视图。用笔要肯定，线条要挺拔、流畅，直线和曲线相结合，利用排线的方法画出地面投影（图6–1）。

在用马克笔上色前，首先分析并确定整个画面的光影变化和色彩的整体关系，包括色调，以及色彩三要素中的色相、纯度、明度之间的关系对比，色彩冷暖关系对比，黑、白、灰关系对比等，尽可能做到“意在笔先”，才能“一气呵成”。

图6–1 画出透视线稿（作者：贺思英）

②步骤二：上色起始阶段。先用浅色的马克笔根据对象的色彩、材质来整体上色，颜色要体现出深浅和虚实变化，颜色不能涂满，要留出一些空白的地方，增加光感效果（图6–2）。

图6-2　上色起始阶段（作者：贺思英）

③步骤三：上色塑造阶段。逐步加重颜色来塑造室内的空间感和物体的体积感，局部加重空间界面、沙发座椅及地面的颜色。预留出白色茶几、白色墙壁，使空间光感更加强烈。着色过程中，始终需要一步一步地对比调整，不要一次把颜色画得太满（图6-3）。

图6-3　上色塑造阶段（作者：贺思英）

④步骤四：上色调整阶段。加重物体的背光和投影部分，深入刻画地毯、沙发、靠垫、茶几、墙壁等，调整局部色彩，丰富墙面和物体颜色，直至完成最终效果图（图6-4）。

图6-4　上色调整阶段（作者：贺思英）

6.1.2　居室空间上色表现范例

一张好的室内效果图，分为线稿和上色两部分。室内设计空间线稿内容主要分为硬装部分和软装部分，要处理好整体空间布局与物体的主次关系、构成关系、疏密关系，使画面具有丰富的层次，节奏感强。

室内色彩搭配相对复杂，主辅光源较多，材质种类多样。在处理不同类型的空间时，需要从整体出发，把握全局，再刻画细节、表现材质，最终将体系较完整的、艺术表现力较强的手绘图稿表达出来（图6-5~图6-10）。

图6-5　客厅马克笔表现范例一（作者：贺思英）

图6-6　客厅马克笔表现范例二（作者：贺思英）

图6-7 客厅马克笔表现范例三（作者：贺思英）

图6-8 客厅马克笔表现范例四（作者：贺思英）

图6-9　客厅马克笔表现范例五（作者：贺思英）

图6-10　客厅马克笔表现范例六（作者：贺思英）

6.2 商业空间上色表现

6.2.1 商业空间色彩要求

商业空间的功能和特点决定了其在设计时应充分利用色彩的装饰性与艺术性来表达展示空间的创意，使其变得灵动、丰富、赏心悦目，以吸引更多的消费者。那么，进行商业空间色彩设计应该注意哪些要点呢?

（1）统一性

商业空间色彩是庞大的系统设计，构成商业空间的道具、商品、装饰、照明等方面，都应在总体色彩基调上统一考虑，应与展示的目的、功能要求、气氛营造、意境渲染相适应，与设计风格相协调，形成系统的统一色调。否则，会出现杂乱无序的色感，影响展示传达效果。

（2）充分利用色彩特性营造引人入胜的商业空间

色彩能够激发人们的好奇心和购买欲望，是商业空间氛围的渲染者，是展示主题意境的表达者。商业空间的色彩设计要通过色彩营造传达商品特有的文化内涵，表现出商品的特质，便于观众和消费者认知和记忆，为商品树立良好的品牌形象，营造出引人入胜的空间，满足人们的好奇心。

（3）根据目标消费群进行色彩设计

不同年龄阶段、不同阶层的人对于色彩的喜好有所差异，不同的色彩具有不同的心理效应和情感表达。商业空间的色彩需要根据不同展示目标消费群进行设计。例如：儿童一般喜欢鲜艳、纯度高的颜色，少女往往喜欢具有梦幻效果的粉红色系，成年人一般喜欢素雅的颜色等。因此，在进行商业空间环境色彩设计时，需分析目标消费群的心理，营造他们喜欢的空间色彩。

6.2.2 商业空间上色表现方法与步骤

商业空间上色表现方法与步骤如下。

①步骤一：按照透视规律和方法画出室内空间透视图。用笔要肯定，线条要流畅，空间组织疏密有序，线条粗细、轻重要有变化，要把物体的形态和结构特征画准确，适当利用线条加重物体投影和转折处（图6-11）。

图6-11　商业空间上色步骤一（作者：贺思英）

②步骤二：上色起始阶段。大胆使用大笔触，用浅色马克笔画出空间及物体的基本色调。上色时注意笔触的应用和色彩间的协调性，同时要预留出物体的受光部分（图6-12）。

图6-12　商业空间上色步骤二（作者：贺思英）

③步骤三：上色塑造阶段。逐步加重颜色，用笔要注意形体的塑造。局部加重餐椅、地面投影、屋顶、墙面等颜色，同时要考虑颜色的明暗过渡变化及虚实变化。墙面颜色不能过重（图6-13）。

图6-13 商业空间上色步骤三（作者：贺思英）

④步骤四：上色调整阶段。加重物体的背光和投影部分，刻画窗外景物，以及陈设品、吊顶等部位，使画面颜色协调、主次分明、质感真实、效果生动自然（图6-14）。

图6-14 商业空间上色步骤四，最终效果图（作者：贺思英）

6.2.3　商业空间上色表现范例

以餐饮空间为例的商业空间上色表现范例如图6-15~图6-19所示。

图6-15　餐厅马克笔表现范例一（作者：贺思英）

图6-16　宴会厅马克笔表现范例（作者：贺思英）

图6-17　餐厅包间马克笔表现范例（作者：贺思英）

图6-18　餐厅马克笔表现范例二（作者：贺思英）

图6-19 宴会厅彩铅表现范例（作者：贺思英）

6.3 办公空间上色表现

6.3.1 办公空间色彩要求

办公空间色彩的选择是非常重要的，要根据不同行业、企业以及公司的文化等来进行设置。比如蓝色表现出一种美丽、文静、励志、安详和洁净的感觉；绿色代表干净、安静平和、生机盎然、环保；红色具有热情奔放的感觉，充满燃烧的力量。

6.3.2 办公空间上色表现方法与步骤

办公空间的上色表现方法与步骤如下。

①步骤一：按照透视规律和方法画出室内空间透视图。用笔要肯定，线条要流畅，空间组织疏密有序，线条粗细、轻重要有变化，要把物体的形态和结构特征画准确，适当利用线条加重物体投影和转折处（图6-20）。

②步骤二：根据光影效果对图面的暗部与投影进行刻画，对投影形态的把握需准确（图6-21）。

③步骤三：上色塑造阶段。逐步加重颜色，塑造空间感和物体的体积感。色彩搭配要注意冷暖、互补关系，例如本案例中接待大厅柜子的橙色和椅子的蓝色是互补色。马

克笔上色时要注意留白，同一色系的颜色要由浅到深按照层次叠加。马克笔上色的过程往往比结果更重要，因为上色的过程体现着作者的设计思维方式（图6-22）。

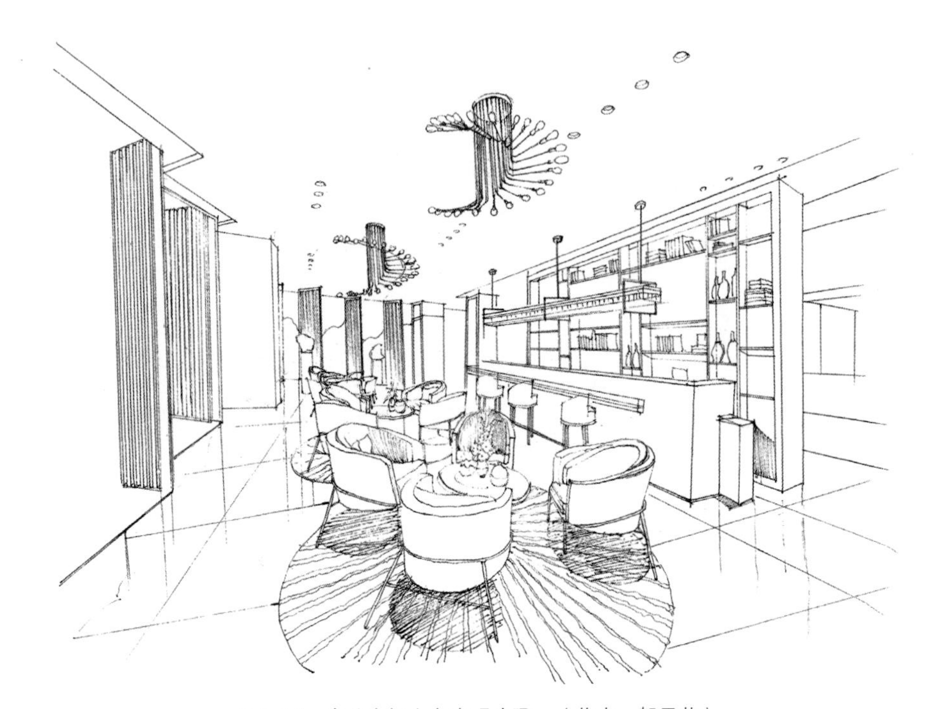

图6-20　办公空间上色表现步骤一（作者：贺思英）

图6-21　办公空间上色表现步骤二（作者：贺思英）

图6-22　办公空间上色表现步骤三（作者：贺思英）

④步骤四：进一步表现图面的空间进深感，刻画地面、沙发、灯具、服务台等物品，使画面颜色协调、主次分明、质感真实、效果生动自然。对特殊材质的刻画可以在上完马克笔后重新回到墨线进行更细致的表达（图6-23）。

图6-23　接待大厅最终效果图（作者：贺思英）

6.3.3 办公空间上色表现范例

办公空间上色表现范例如图6–24~图6–26所示。

图6–24 办公空间上色表现范例一（作者：贺思英）

图6–25 办公空间上色表现范例二（作者：贺思英）

图6-26　办公空间上色表现范例三（作者：贺思英）

6.4　学生作业点评

图6-27~图6-35是编者所带学生的平时作业。编者对这些作业进行点评，指出值得借鉴的优点和有待提升的不足之处，希望帮助读者更好地掌握室内空间效果图的上色与表达。

图6-27　学生作业一——售楼部（作者：庞广成　指导老师：贺思英）

【教师点评】 该同学用彩铅表现售楼部，透视准确、色彩明快，石材和吊顶木材的质感表现得较好，同时表现出了玻璃的通透感。

图6-28 学生作业二——客厅空间（作者：张晓钰 指导老师：贺思英）

【教师点评】 该同学采用水溶性彩铅表现客厅空间，效果图透视准确，色调统一协调，采用了暖黄色作为室内的主色调，同时采用紫色作为点缀色，运用了黄与紫两种对比色，在表现上注意了色彩的渐变、过渡。特别是沙发背景墙软包，体现出了柔软的效果。

图6-29 学生作业三——卧室空间（作者：陆冰冰 指导老师：贺思英）

【教师点评】 该同学采用水溶性彩铅表现卧室空间，效果图透视准确、尺度适宜、色调统一协调。用彩铅重点表现暗部，亮部采用留白处理，室内空间效果表现较好。

图6–30 学生作业四——客厅空间（作者：周美儒 指导老师：贺思英）

【教师点评】 该同学采用水溶性彩铅表现客厅空间，效果图透视准确、尺度适宜，在色彩表现上注意了颜色的渐变过渡，整体色调统一、协调，画面黑白灰关系较好。

图6–31 学生作业五——客厅空间（作者：徐欣蕊 指导老师：贺思英）

【教师点评】 该同学采用马克笔和彩铅表现客厅空间，效果图透视准确、尺度适宜，用马克笔表现出了石材的质感和光感关系。不足之处在于地面色彩刻画还不够完善，地面暗部与亮部过渡不自然，缺乏渐变。

图6-32 学生作业六——客厅空间（作者：徐欣蕊 指导老师：贺思英）

【教师点评】 该同学采用马克笔和彩铅表现客厅空间，整体空间采用了咖啡色色调，颜色统一协调，透视严谨准确。不足之处在于地面暗部较浅，还需要进一步深入，另外还需要注意笔触感。

图6-33　学生作业七——客厅空间（作者：韦晓梅　指导老师：贺思英）

【教师点评】 该同学采用水彩的表现方式，整体色调清新淡雅，色彩明快活泼，不足之处是暗部还不够深入，空间层次感还有待加强。

图6-34　学生作业八——卧室空间（作者：冯俊锦　指导老师：贺思英）

【教师点评】 该同学线稿透视准确、素描关系把握得当，用马克笔重点刻画明暗交界线和暗部，用笔干脆利索，色调统一，亮部留白，光感十足。

图6-35 学生作业九——卧室空间（作者：苏俊桦 指导老师：贺思英）

【教师点评】 该同学线稿透视准确、素描关系把握得当，使用彩铅着色，空间整体氛围较好。

本章小结

本章主要讲述了不同室内空间手绘效果图上色步骤。这些步骤需要按照一定的规律和方法来练习完成。每种技法步骤不是一成不变的，要灵活掌握并加以运用，不可以墨守成规。建议初学者先进行小色稿快题训练，再进行细节深入刻画。

思考与练习

试着对室内空间进行综合手绘上色练习。

第7章

室内设计手绘表现基础训练

本章重点

了解室内设计方案表达任务和程序。
熟练掌握室内设计过程中不同阶段表现图的表达形式与方法。
通过大量的图片鉴赏提高学生的鉴赏力。

学习目标

运用前几章所学的手绘表现技法，试着摆脱范画，独立完成一个居室空间的平面、立面设计手绘表现。熟悉室内设计的程序和各个工作环节。能辨别室内设计手绘效果图的优点和缺点，同时能结合专业所需，提高室内设计创新能力。

7.1 室内设计的不同阶段

室内设计是一个需要理性思考并且有条理的工作过程。正确的思维方法、合理的工作程序是顺利完成设计任务的保证。室内设计的程序一般分为以下阶段：设计准备阶段、构思创意阶段、方案设计阶段、施工图设计阶段。

7.1.1 设计准备阶段

在这一阶段，室内设计的资料收集工作是设计师进行设计前的重要任务之一。所收集的设计资料可分为直接资料与间接资料两种。所谓直接资料，是指那些可借鉴，甚至可以直接引用的设计资料。例如根据设计项目要求，相应地收集并研究人们在类似空间中的行为、习惯以及有倾向性的人流线路，借助这类资料来明确所要设计的空间和功能分区问题。为了尽可能少走弯路，有必要收集大量与设计项目性质相同或近似的设计实例。如分析其他设计师的成功经验与失败原因，分析对大空间关系的处理方法，分析装修材料与构造方法，从中找到自己的出路。而间接资料指的是与设计有关的文化背景资料。任何空间的产生都有其深远的历史背景和文化渊源，每个民族都有其特殊的审美习惯、生活习俗、经济条件和所在地区的物产特点，设计师要想真正做好某项室内设计，就需要了解服务对象及其历史和文化背景。间接资料的用处在于它能帮助设计师加深对项目的理解，丰富设计人的文化修养，使设计构思的依据更加充分。

设计准备阶段资料收集的手段很多，除了录像摄影外，更有效的手段是徒手画，现场对资料目标进行直观的、多方位的、多角度的描绘，并进行相关文字记录。徒手绘制现场资料的重点是有针对性，画面物象造型要简练，特别是物体的细部不需要描绘得精确完美，它们可以粗略些，但要有个性和动感。如果图形语言不能充分说明问题，还可以用文字或一些符号进行补充（图7-1）。

7.1.2 构思创意阶段

在这个阶段，构思创意草图的设计步骤是“提出概念→汇集各种信息→因素介入→调整→绘制草图→修改→再构思→整理信息→确定方案”。它体现了室内设计师在这一阶段的灵感和思维成果。一张表现有力的草图在整个设计创作思维过程中能起到事半功倍的作用。

构思创意设计阶段的表现图使用抽象而又易于画出的符号是很重要的。需要强调的是，在任何时候都应注意比例的合理性和准确性。不同性质的空间使用功能不同，这一

图7-1　传统民居元素收集（作者：杨悦）

阶段可以用抽象的圆形或矩形来代替一个功能空间。这样的表现图使人对方向位置、交通连接、空间功能都有了直观印象（图7-2）。在完成功能分区后，可以进行功能分区方案平面图的绘制。设计师可以使用一些不规则的图形或简洁的几何图形来表示使用面积、功能活动区域以及功能的空间关系（图7-3）。

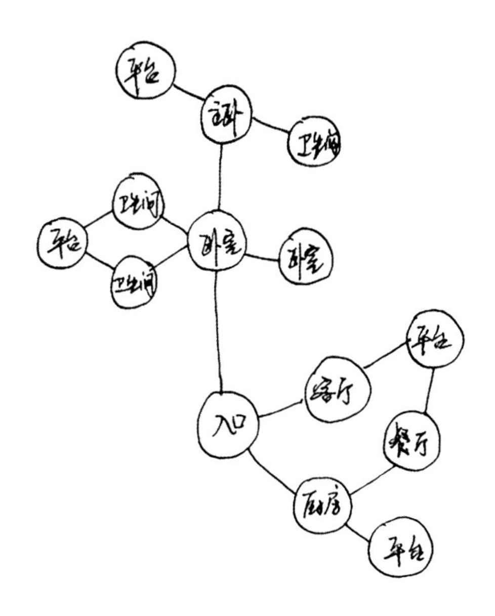

图7-2　空间功能分析图

在将抽象的功能分区绘制为确定的室内平面图的过程中，还需要将抽象的不规则图形转化为具有一定比例且能够表现空间形状、大小、关系等的平面草图。平面草图可以徒手勾画，也可以借助尺规完成。有时为了研究需要，可以对它进行着色。这一过程实际上为室内设计师提供了反复推敲、调整的机会。经过多次调整后得到的功能合理的设计方案，才可确定为室内平面图绘制方案（图7-4）。

在通过不断比对、研究而确定空间设计和

实用性时，通常会将侧界面的设计、推敲一并进行（图7–5）。

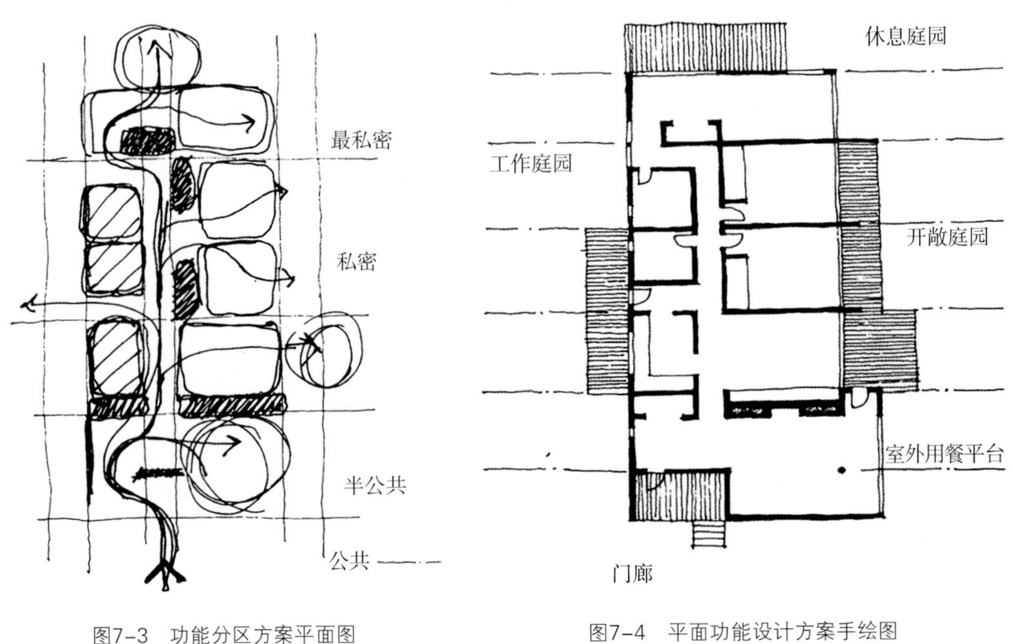

图7–3 功能分区方案平面图

图7–4 平面功能设计方案手绘图

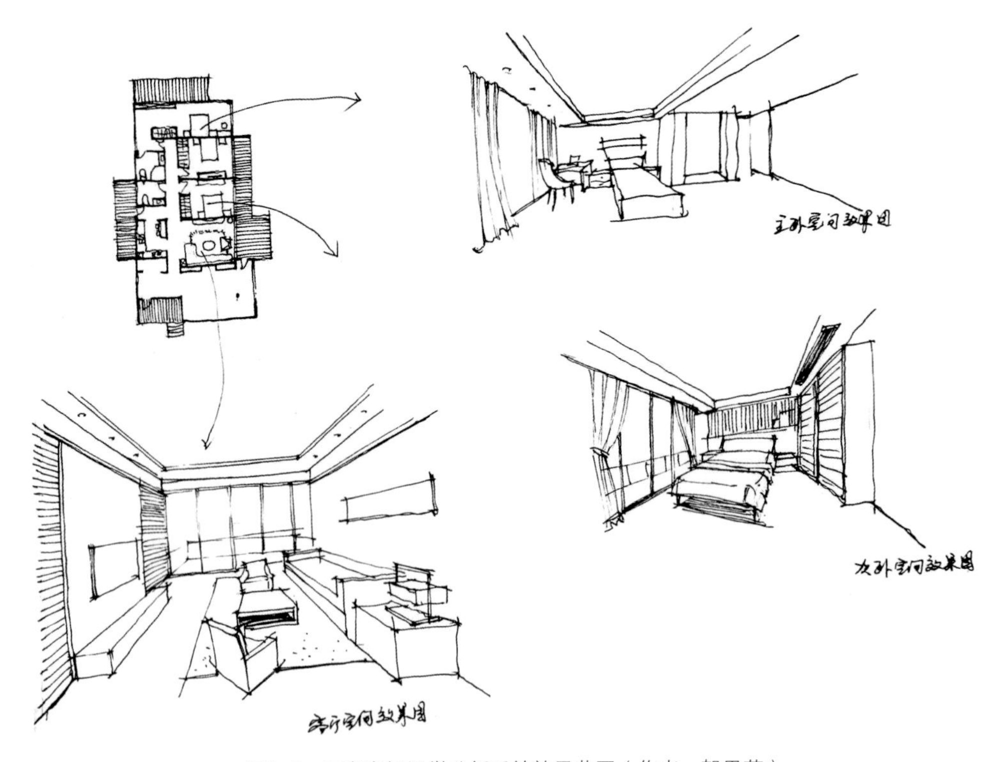

图7–5 居室空间视觉分析手绘效果草图（作者：贺思英）

只有在不断推敲和调整过程中，设计方案及其构思才能得以完成。当然，在之后的几个设计阶段中，随着方案的不断深入，设计师还会提出一些更好的解决办法使设计方案趋于完善。因此，好的设计师有时会将“构思→推敲草图→调整草图→方案确定”贯穿整个设计过程直至项目施工完成。所以，构思草图除了设计初始阶段中的草图设计外，它还将自始至终作为设计师的思维语言贯穿整个设计过程。

7.1.3　方案设计阶段

这一阶段的表现图在整个室内设计表现中是关键环节，它是对前期所提出构思的进一步深化，也是施工图设计阶段的基础和依据。这一阶段的表现大致包含两方面：一是以二维表达（正投影）方法绘制的室内各个界面图，这些图要求绘制精确并且符合制图规范；二是以三维透视原理绘制的空间效果图，这些图要求尽量真实地再现空间效果。特别需要强调的是，这一阶段的表现图要求按照比例绘制。

7.1.3.1　二维手绘表现图的内容与要求

这一阶段需要完成平面布置图、顶棚平面图、立面图、剖面图，大型设计还应包括部分复杂的细部大样设计图。

（1）平面布置图表现内容

室内设计的平面布置图内容与建筑平面图是不同的。建筑平面图一般只表达空间分隔，而室内平面布置图要表达的内容包括：室内空间的组合关系和各部分的功能关系；室内空间的形状大小、门窗的位置及其在水平方向上的大小；室内家具及陈设的平面布置；反映室内空间不同标高的地台关系及地面铺装的形状和材质（图7-6）。室内平面布置图常用的比例为1：50和1：100。

（2）顶棚平面图表现内容

顶棚平面图主要反映室内空间组合的标高关系和顶棚造型的形状、大小和材质，以及顶棚上灯饰、窗帘等的位置和形状（图7-7）。室内顶棚平面图常用的比例为1：50和1：100。

（3）立面图和剖面图表现的内容

立面图和剖面图主要是为了反映空间各个界面的设计效果。它需要反映出室内空间在标高上的变化、门窗的位置和高低，室内垂直界面以及空间划分构件在垂直方向上的形状和大小，室内空间与家具（尤其是固定家具）以及相关设施在立面上的关系，室内空间与悬挂物、陈设以及艺术品等的关系（图7-8）。室内立面图和剖面图常用的比例为1：50和1：30。

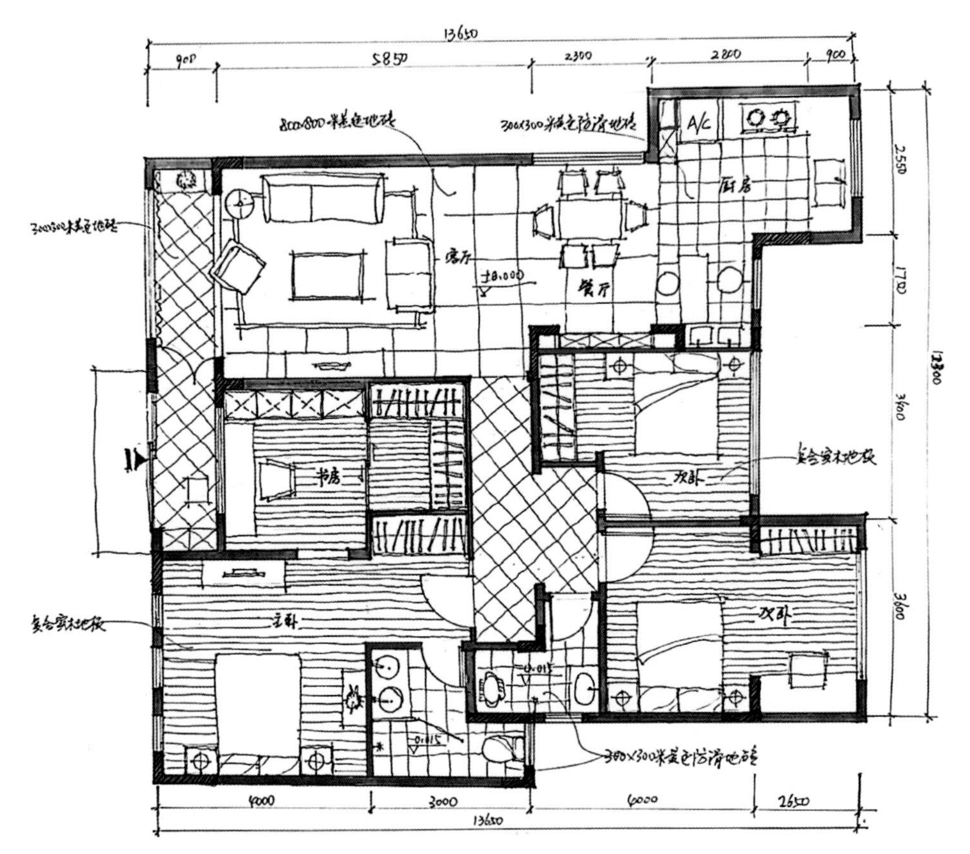

图7-6 居住空间平面布置图（作者：贺思英）

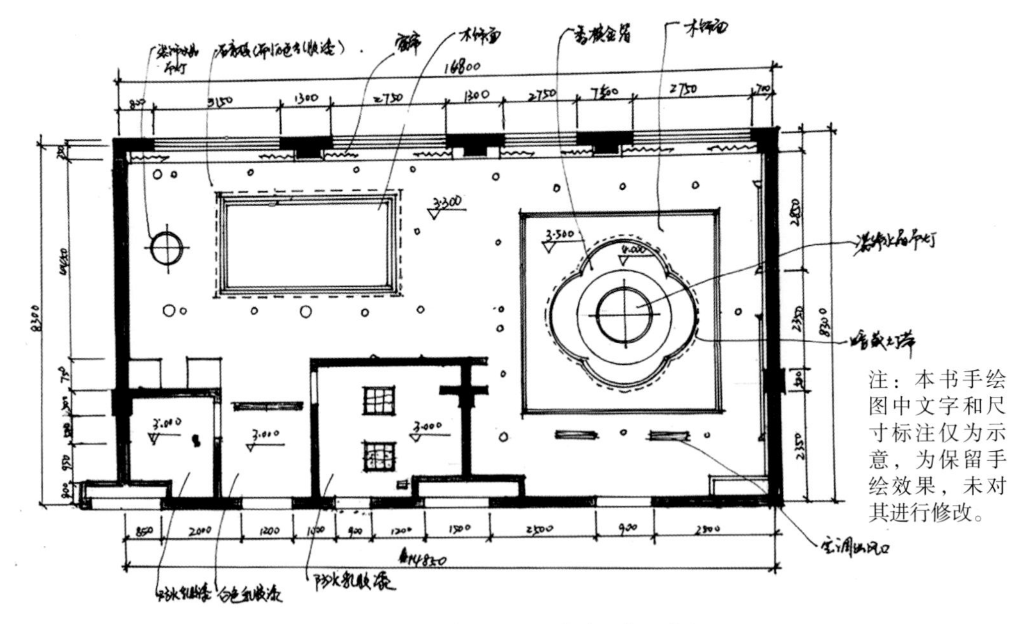

注：本书手绘图中文字和尺寸标注仅为示意，为保留手绘效果，未对其进行修改。

图7-7 餐厅包间顶棚平面图（作者：贺思英）

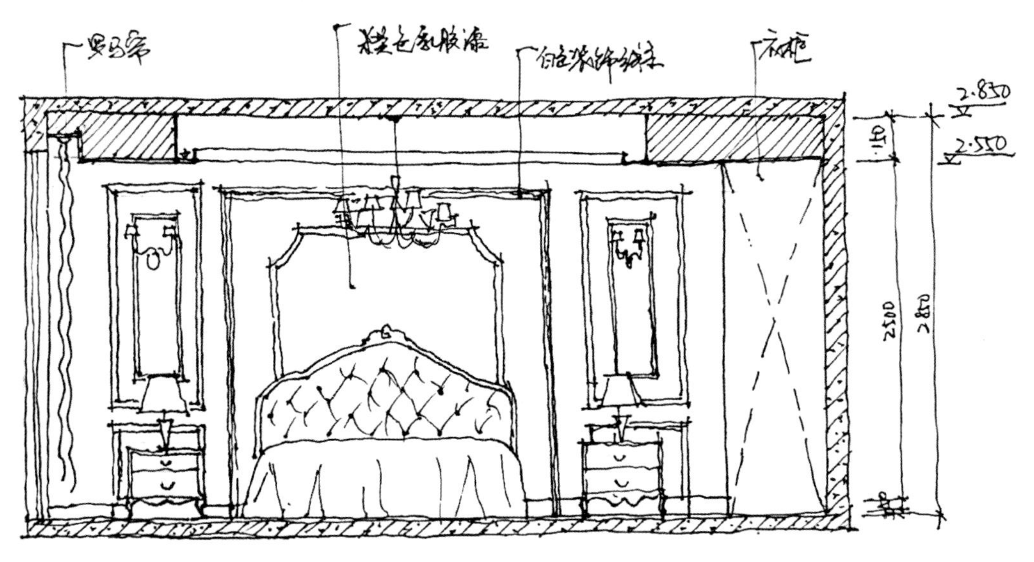

图7-8　主卧立面图（作者：贺思英）

（4）细部大样设计图表现的内容

细部大样设计图即节点详图，它以剖视图或断面图表达主题，具体反映各界面相互衔接的方式，各界面本身的结构、材料以及衔接的方式，各种装饰材料间的收口方式，各界面与设施间的衔接方式。例如在图7-9所示案例中，窗帘盒朝上凹200mm，吊顶四周造型从上往下下沉400mm，面板为9mm厚石膏板刷白色乳胶漆。细部大样设计图的常用比例为1：20，1：10，1：5，具体比例需要根据出图要求来定。

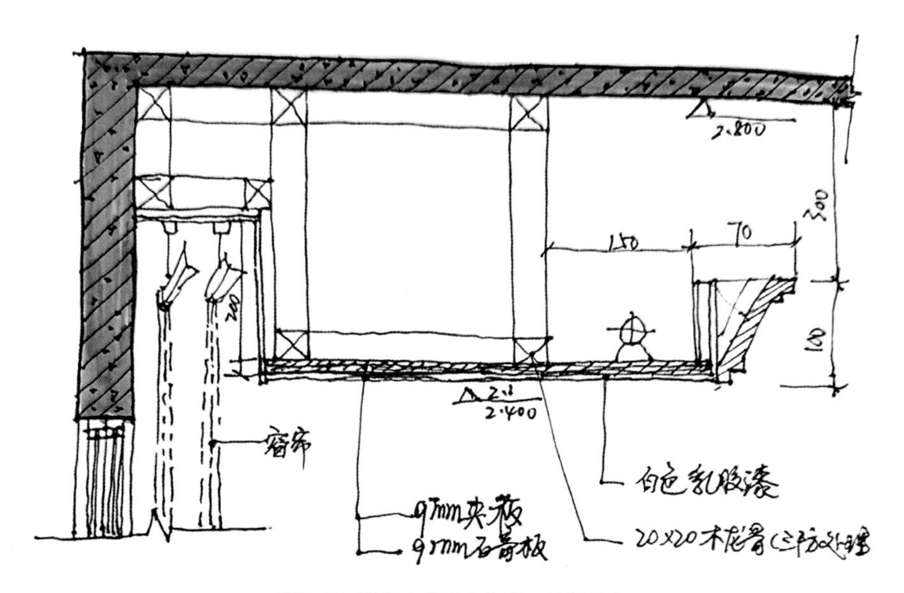

图7-9　天花大样图（作者：贺思英）

7.1.3.2 方案阶段二维手绘表现练习

这一阶段的手绘表现图虽不要求像设计制图那么严谨精细，但必须符合制图规范。这一阶段的表现图属于展示性表现图，所以设计师还可以较灵活地充实图面。比如，线型讲究粗细变化，线条的组织尽量具有美感，用线可以自由洒脱些，并且可以局部着色（图7–10~图7–12）。

7.1.4 施工图设计阶段

施工图设计阶段的表现图主要应用正投影制图方法，精确地表现室内各个界面，并且传达尽量多的信息，如形式、大小、尺寸、材质、色彩等。这一阶段是设计后期阶段，主要工作是施工图深化设计，通常采用CAD电脑绘制，其表现内容必须尊重客观实际。电脑绘图对整个设计对象的表达更为精确，更加规范（图7–13~图7–15）。

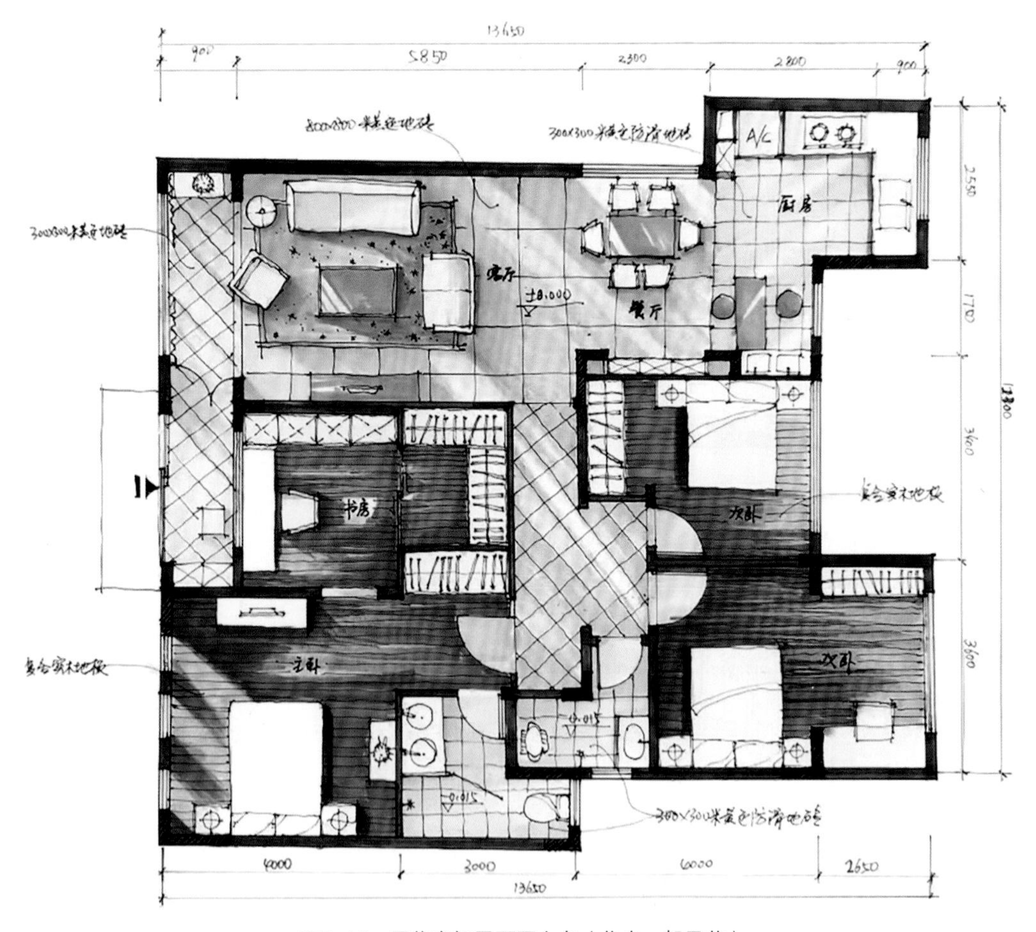

图7–10 居住空间平面图上色（作者：贺思英）

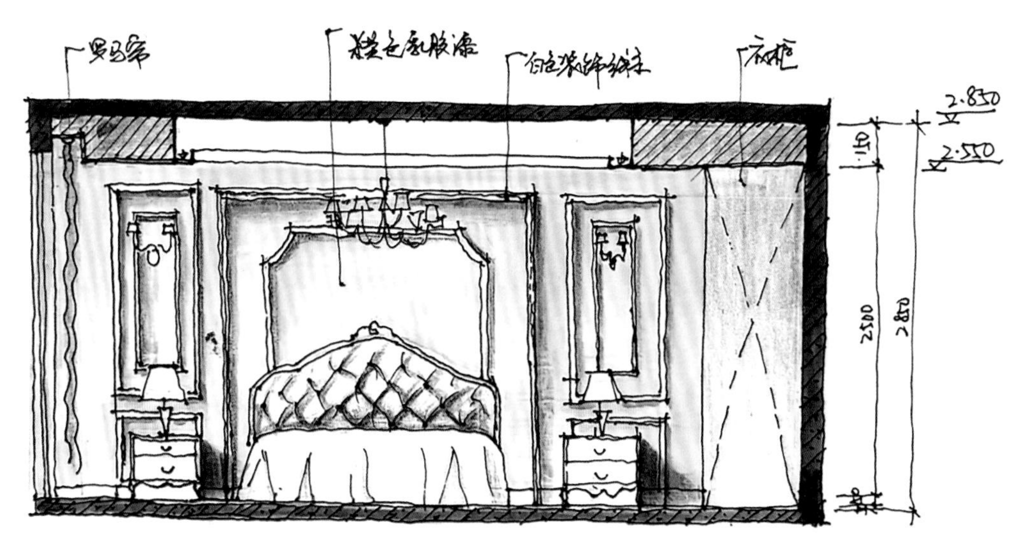

图7–11　卧室立面图上色（作者：贺思英）

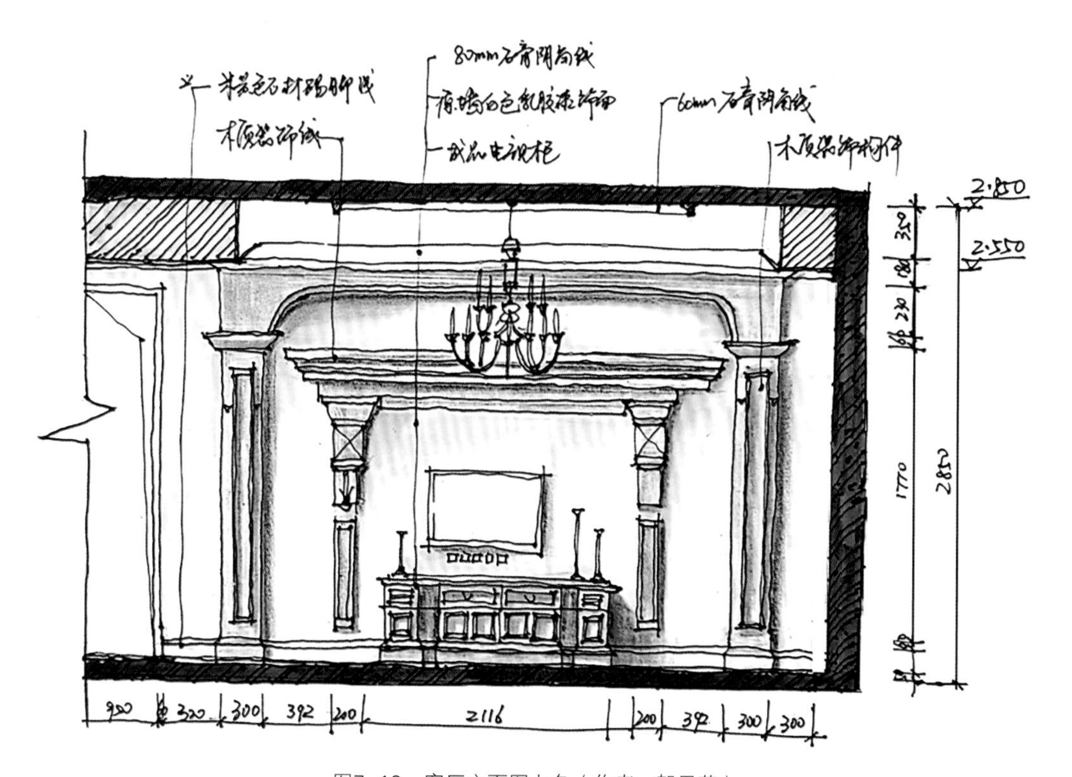

图7–12　客厅立面图上色（作者：贺思英）

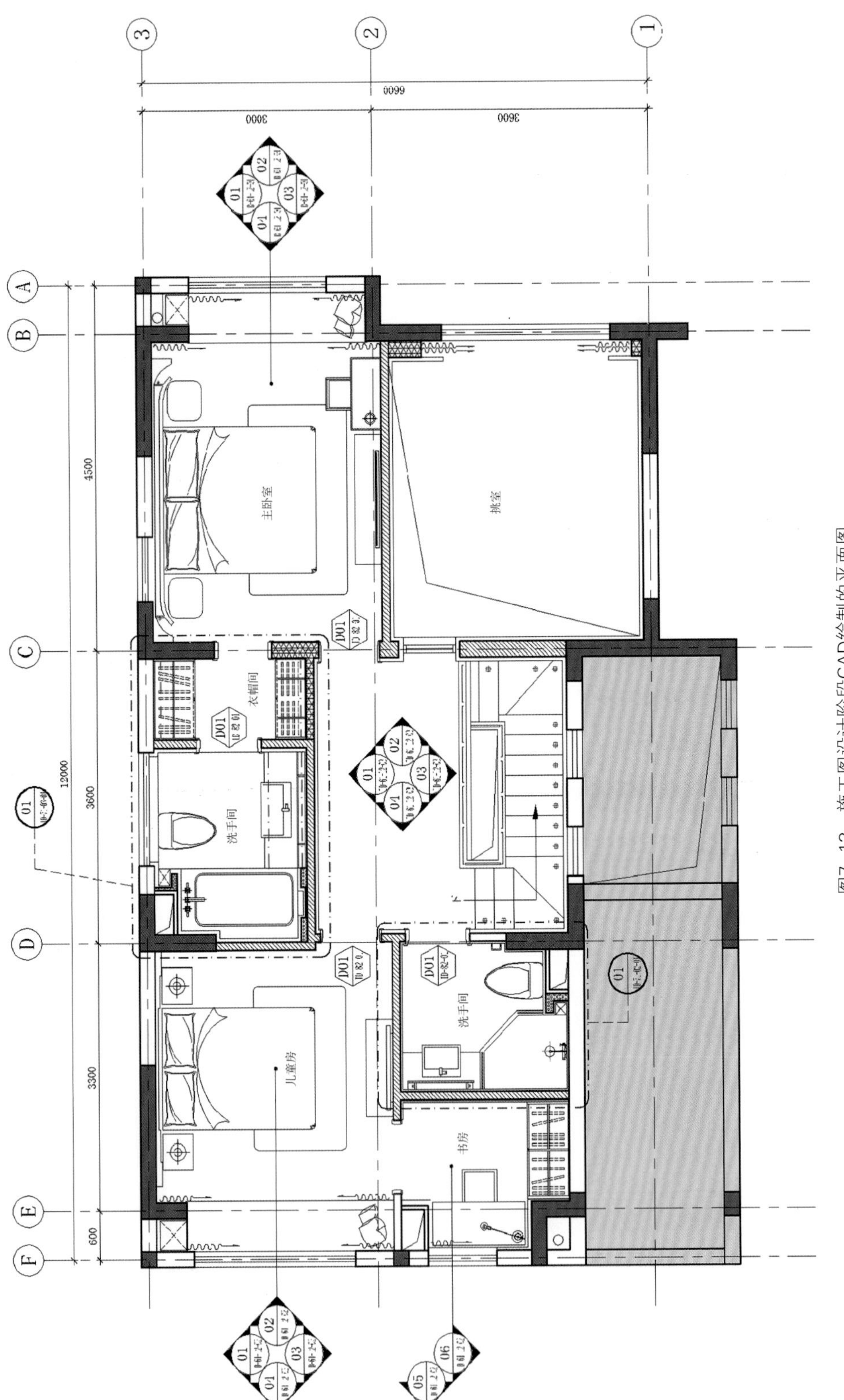

图7-13 施工图设计阶段CAD绘制的平面图

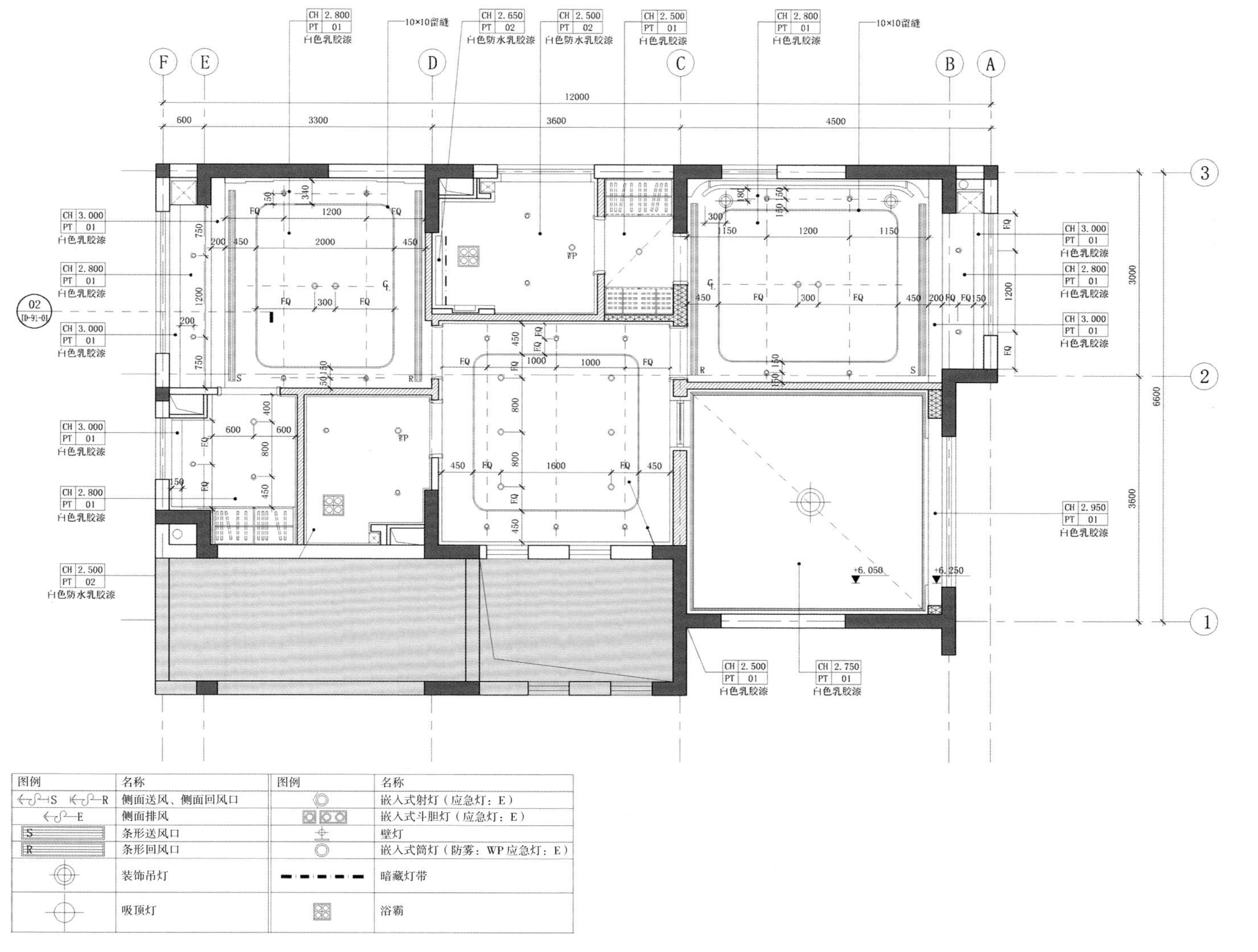

图7-14　施工图设计阶段的天花布置图

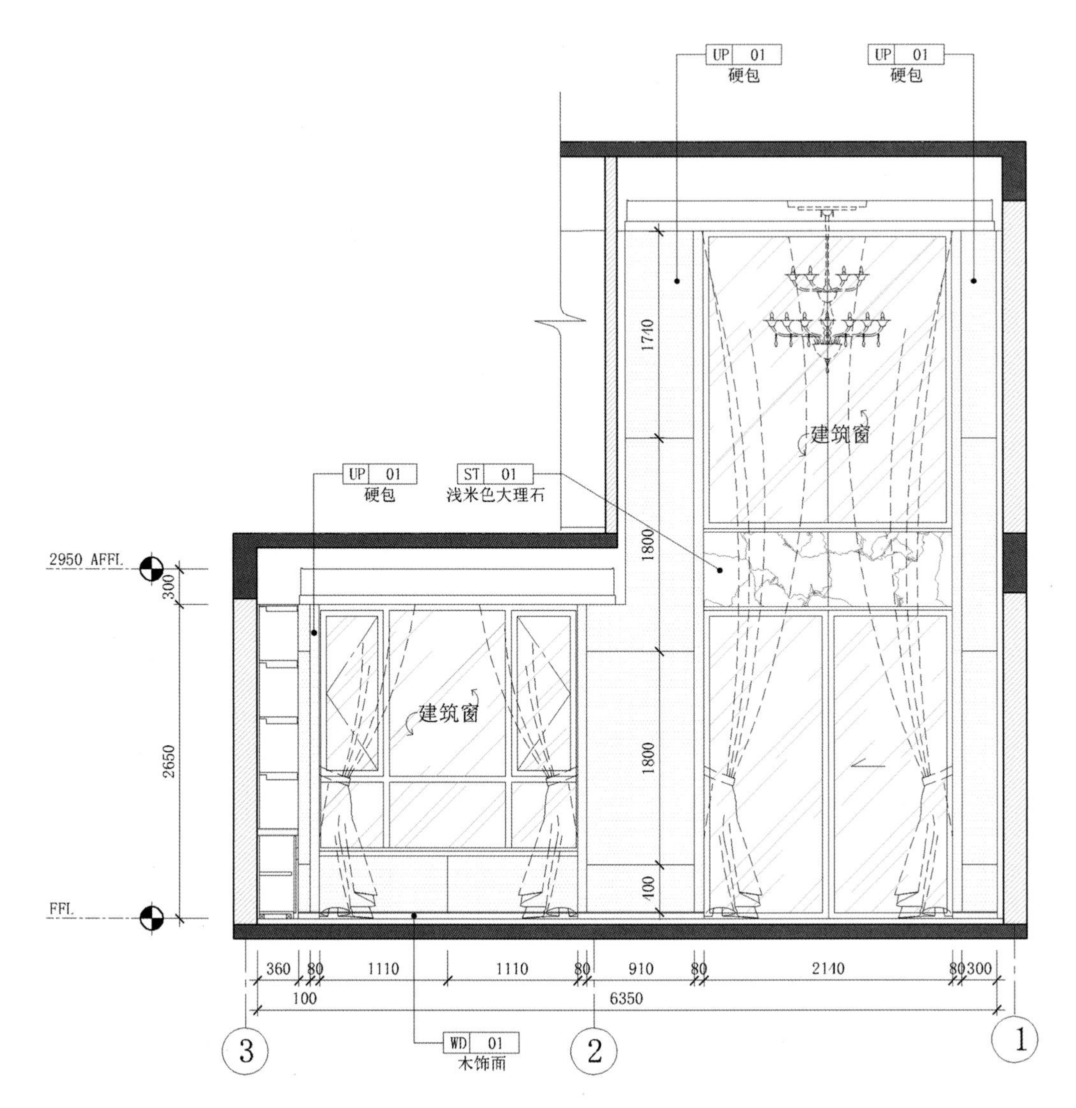

图7-15　施工图设计阶段的立面图

7.2　室内设计平面图手绘表达

7.2.1　室内设计平面图手绘表达步骤

室内设计平面图手绘表达步骤如下。

①绘制空间墙体的中轴线（单线表示），如图7-16所示。

②依据墙体中轴线，画出空间墙体的厚度，留出门洞的大小，并用符号表示，如图7-17所示。

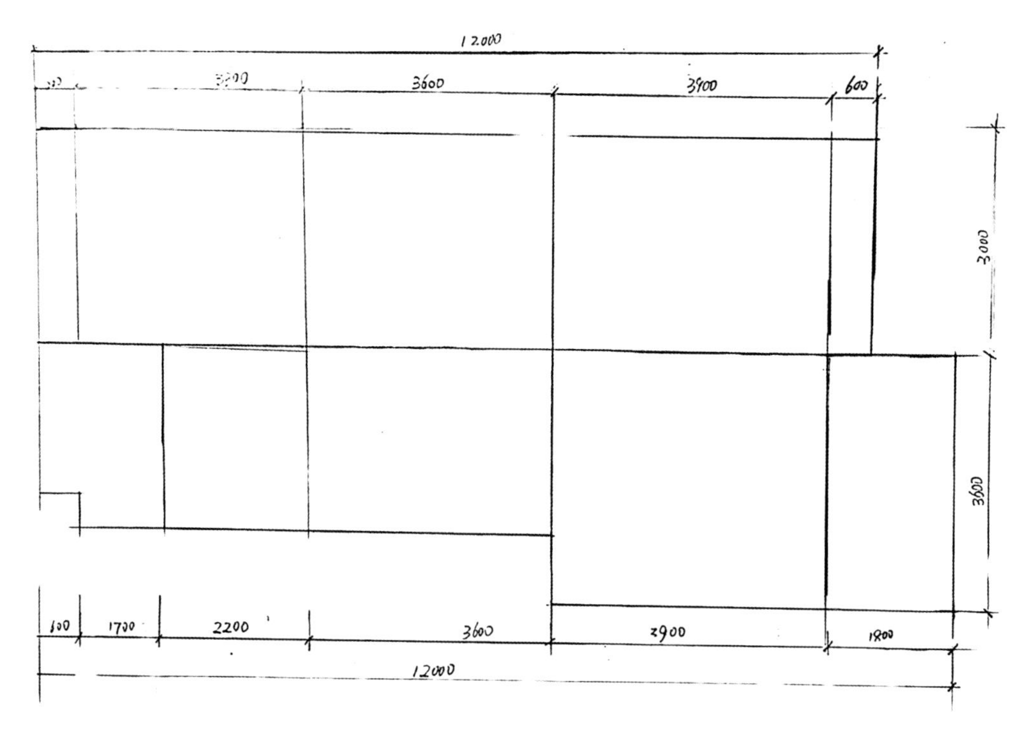

图7-16 绘制墙体中轴线（作者：贺思英）

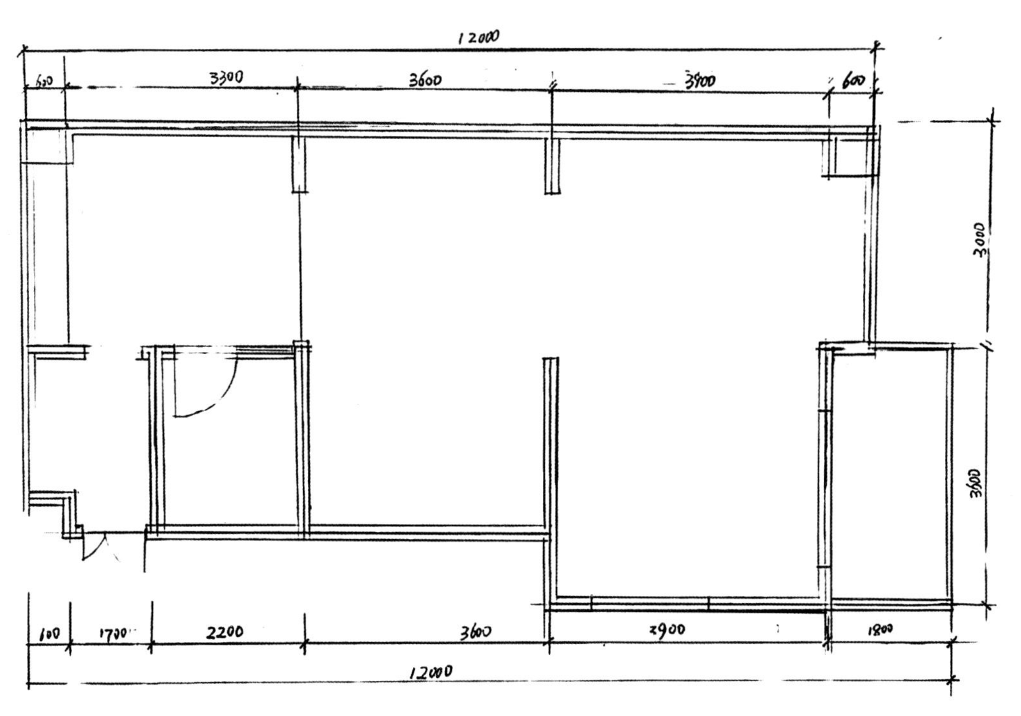

图7-17 绘制墙体的厚度（作者：贺思英）

③在空间中加入家具元素，要注意彼此间的比例和整体尺度，元素刻画要美观、简洁，如图7–18所示。

④用绘图笔从墙体开始勾画整个空间和家具陈设（图7–19）。

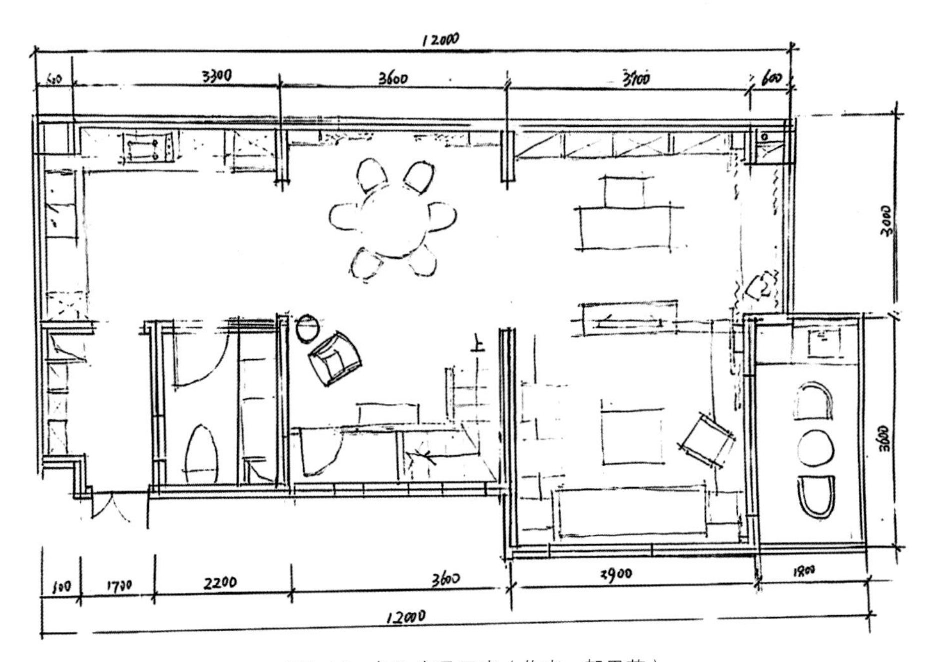

图7–18 加入家具元素（作者：贺思英）

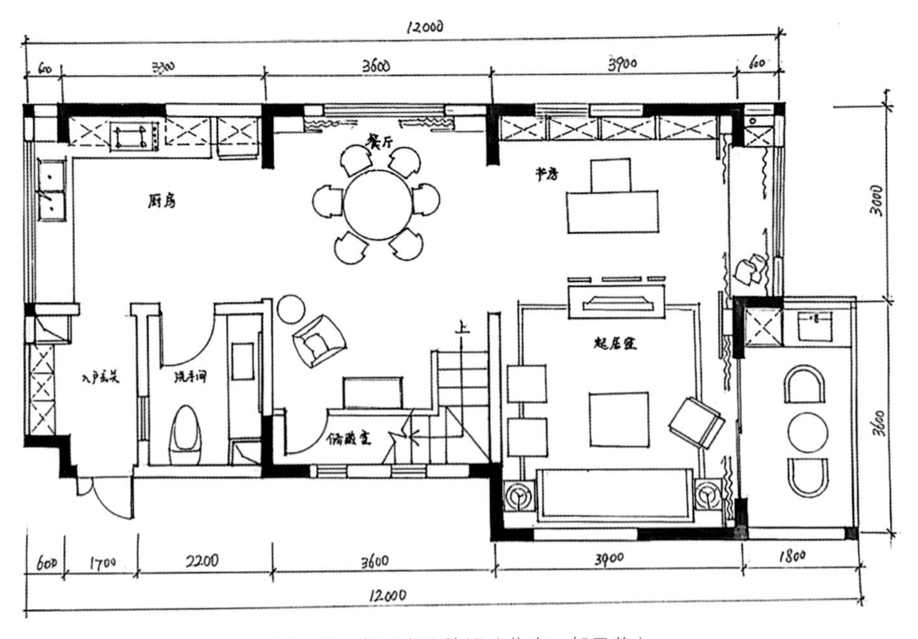

图7–19 勾画家具陈设（作者：贺思英）

⑤用黑色或深灰色马克笔将墙面压重，以体现出明显的墙体，同时标出空间的主要功能（图7–20）。

⑥为平面图添加颜色，表现材质特点（图7–21）。

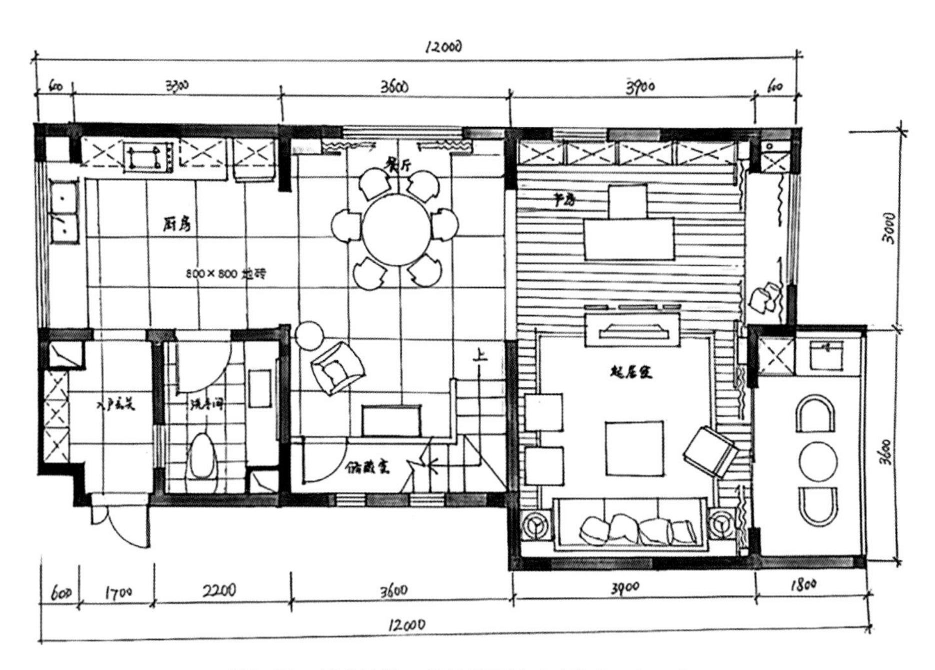

图7–20　填充墙体，绘制地面材质（作者：贺思英）

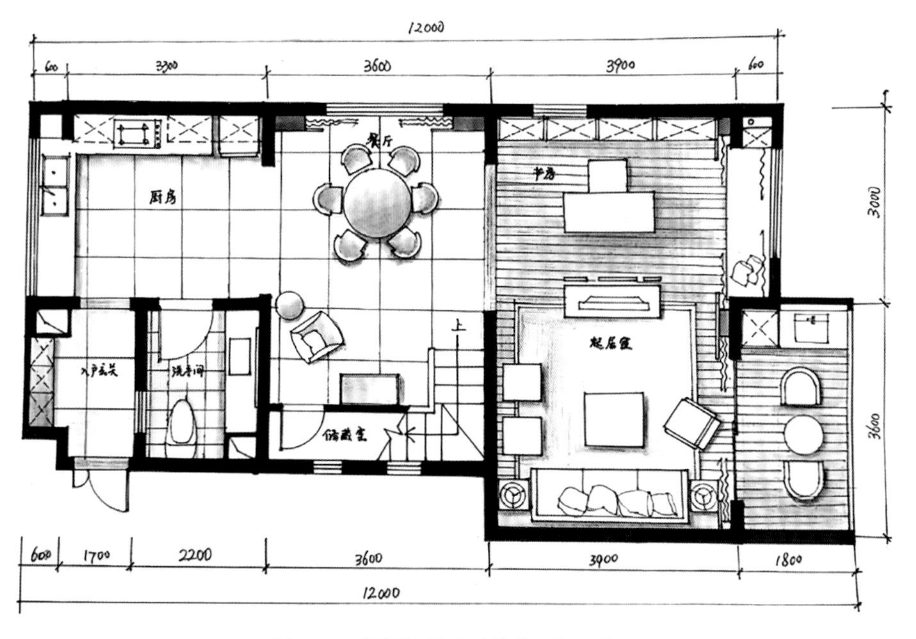

图7–21　平面图着色（作者：贺思英）

7.2.2 室内设计平面图绘制注意事项

（1）注意制图的规范

例如尺寸的正确标注方式、符号的正确表达、指北针的画法、功能分区的标注方式等。要特别注意对家具尺度的把握，绘制的过程中要按照图面比例关系正确绘制家具尺寸（图7-22~图7-27）。对于尺度的把握除了在绘制的时候要查看人体工程学尺寸规范之外，还要在日常生活中多留心观察，记住一些常规尺寸，最后就是要多练习绘图。

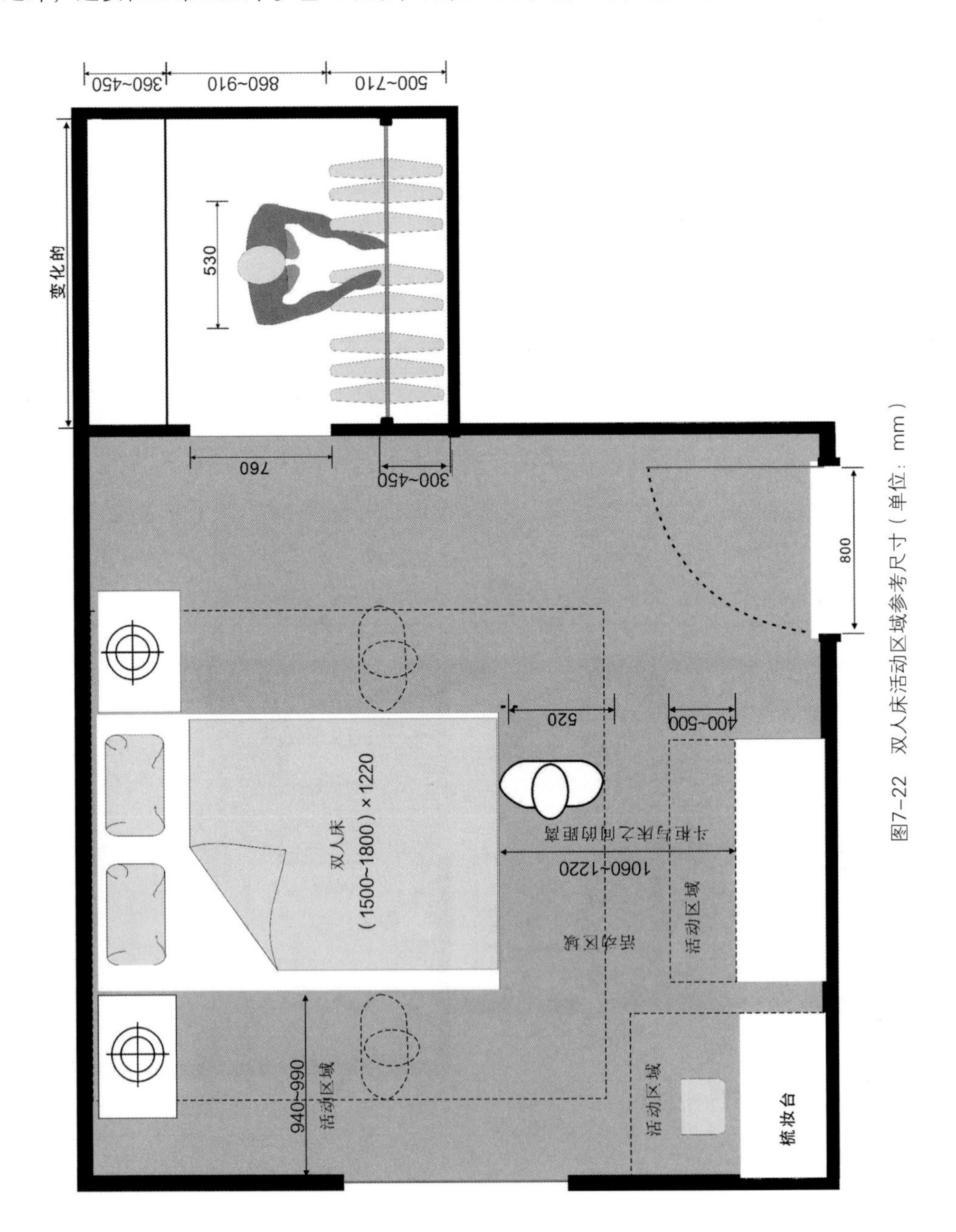

图7-22 双人床活动区域参考尺寸（单位：mm）

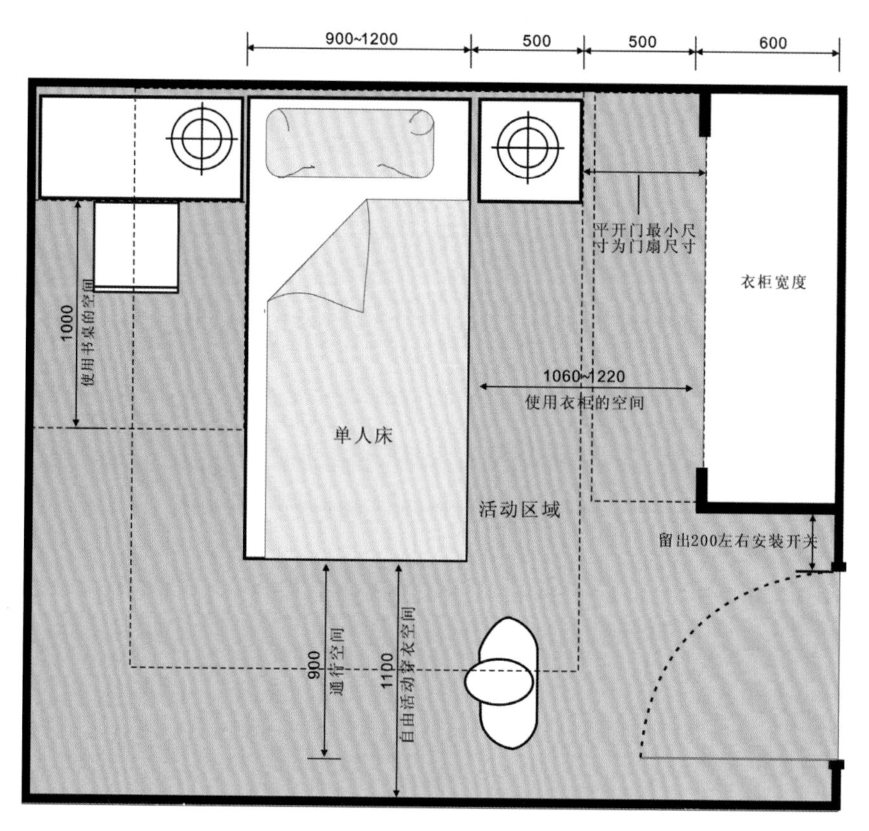

图7-23　单人房就寝、起居活动参考尺寸（单位：mm）

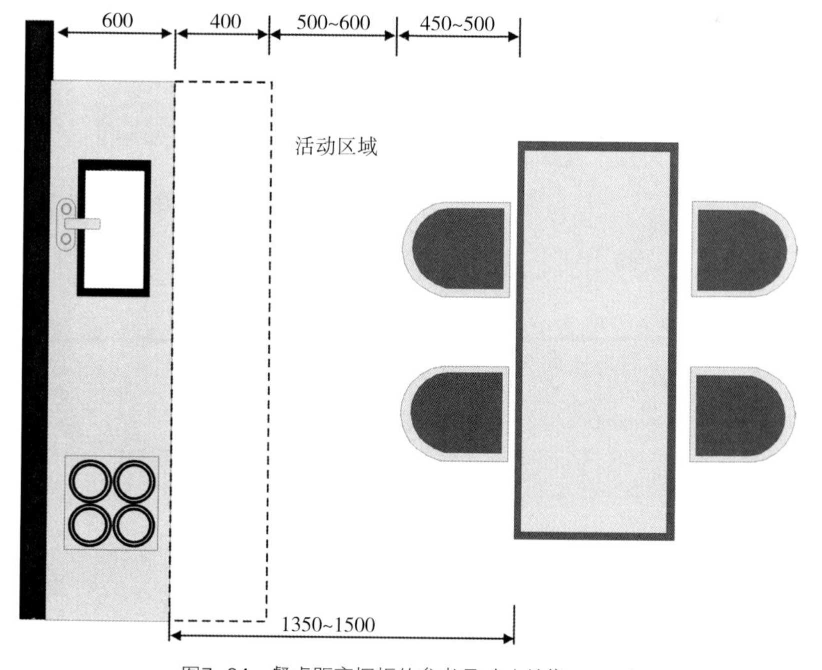

图7-24　餐桌距离橱柜的参考尺寸（单位：mm）

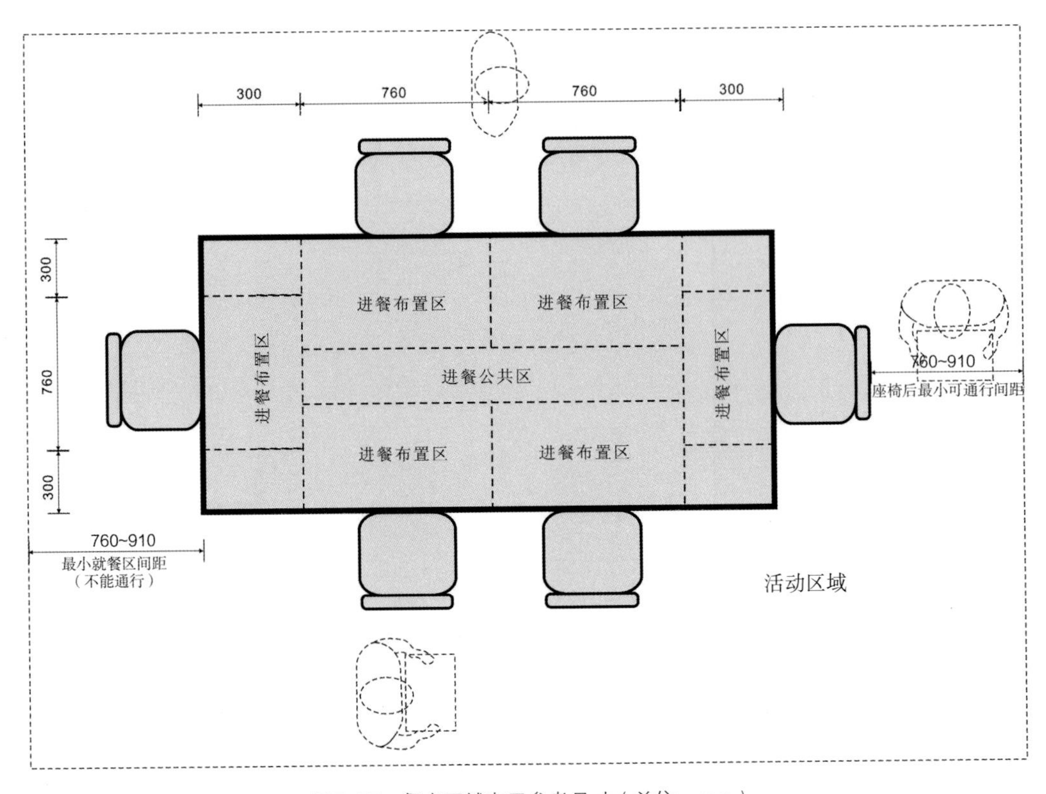

图7-25 餐桌区域布置参考尺寸（单位：mm）

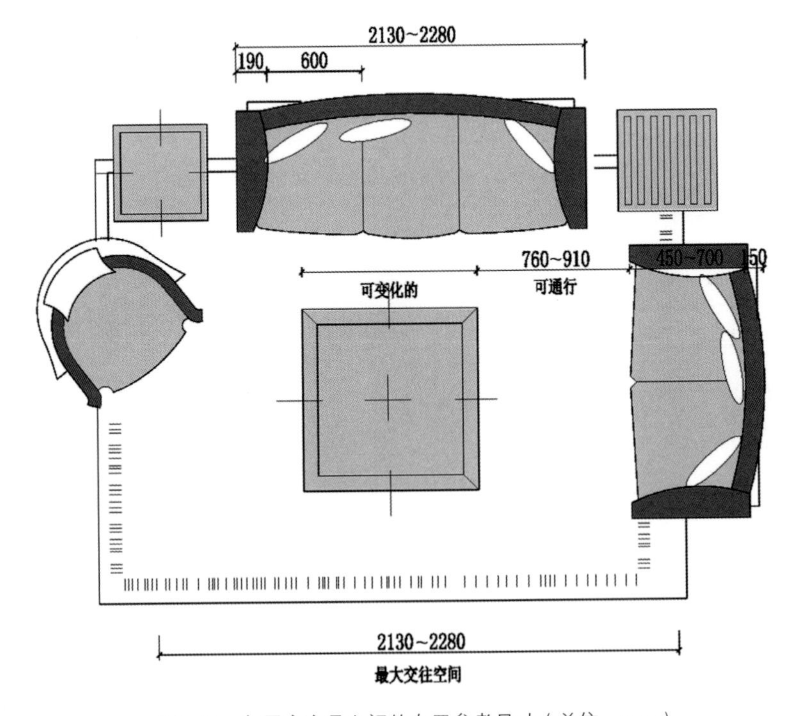

图7-26 起居室家具之间的布置参考尺寸（单位：mm）

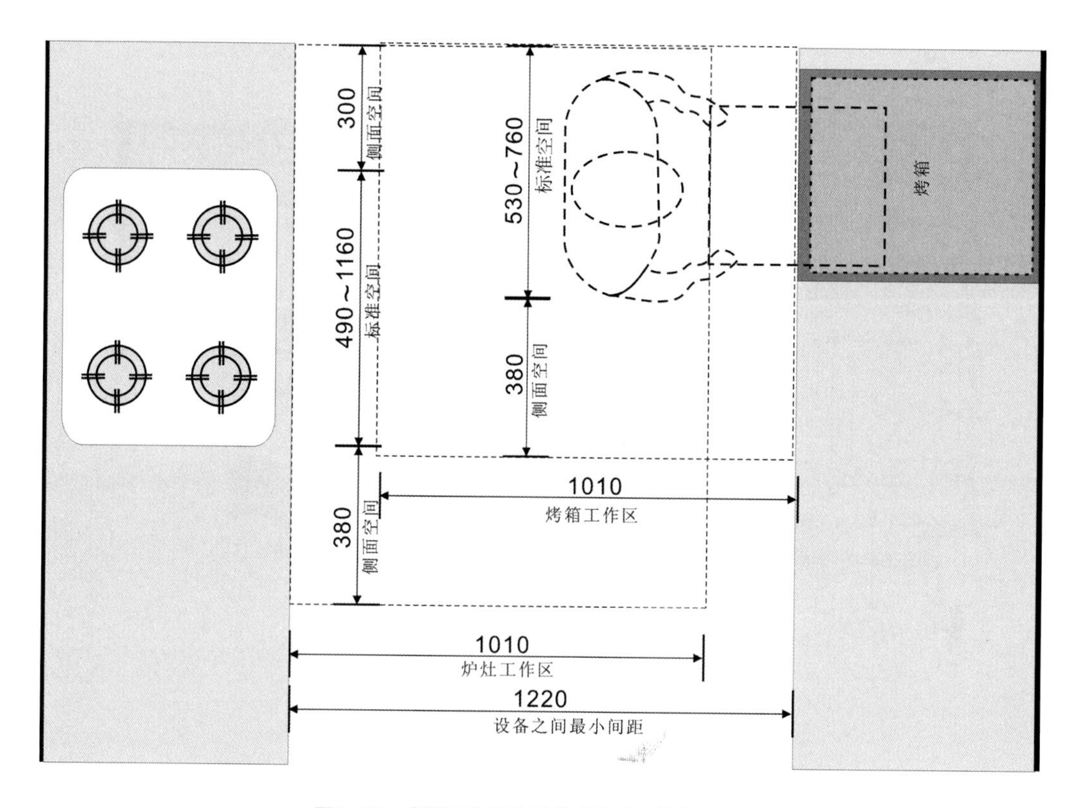

图7-27　烹饪工作区布置参考尺寸（单位：mm）

（2）把握整体，分清主次

在绘制室内空间平面图时，重要空间和元素的表达要相对细致，相对次要的空间和元素可以选择简明的方式绘制，或者用文字表达。一般来说，平面图除了体现墙体的拆改设计和分隔布局之外，再体现出家具的布局和重点的铺装样式即可，重在体现整体的构思，不必在图上详细标出家具样式以及空间造型（图7-28）。

（3）适当上色，突出主体与美感

平面图的色彩搭配也非常重要。在上色时，要注意突出设计的重点部分，强调其固有色以及光感，尽可能省略材质的表达，因为那是透视效果图中重点表达的内容，次要部分的颜色可以省略（图7-29）。

上色时一般由浅入深，平涂是最稳妥的方法。有些块面不要全部涂满，可以有些渐变和留白；灰度上最浅的一般为地面；主要是为空间中主要的家具、柜体等上色。颜色的把握需要平时多加练习和尝试，方案表现不必非常写实，重在体现空间构思，突出空间氛围。

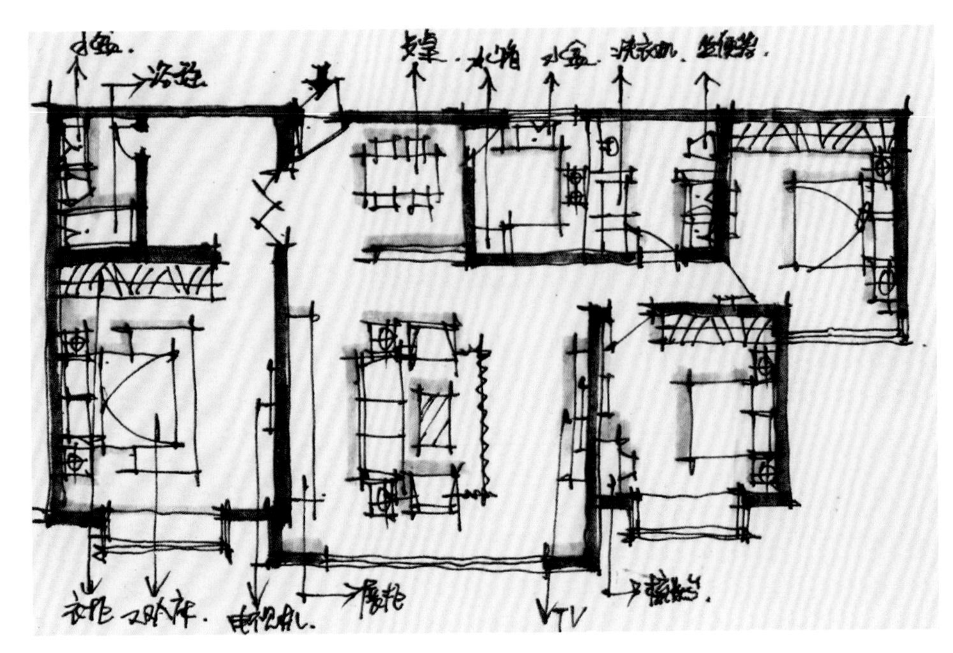

图7-28　平面布置方案绘制一

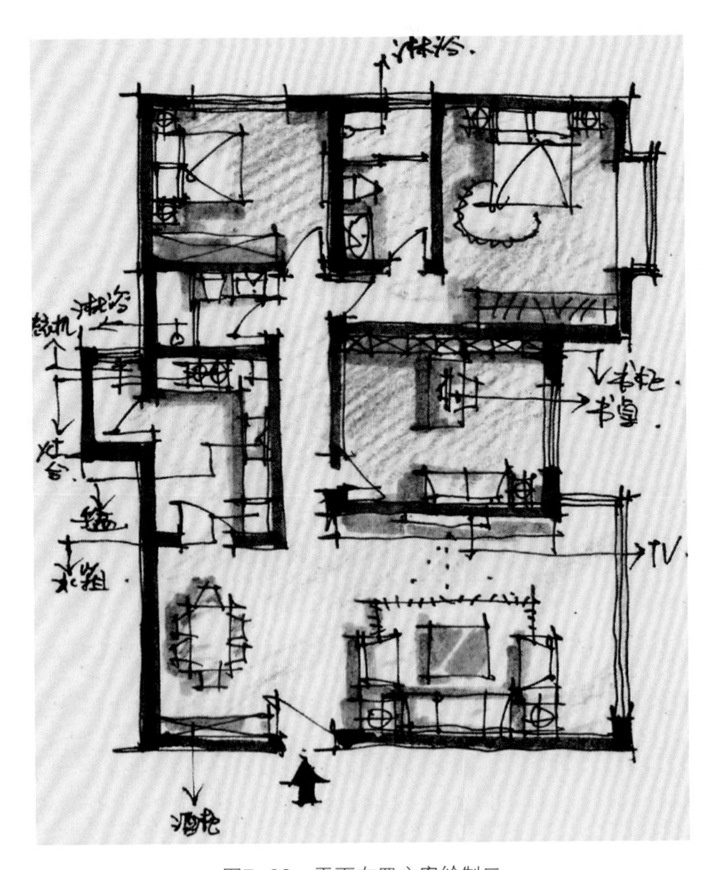

图7-29　平面布置方案绘制二

7.3 室内设计立面图手绘表达

室内设计图包括平面图、立面图、剖面图及节点详图。在室内设计制图中，立面图主要表达室内立面造型材质，通过手绘表现可以更快速直观地表达出设计意图。

7.3.1 室内设计立面图手绘表达步骤

室内设计立面图手绘表达步骤如下。

①根据平面图造型用铅笔画出立面图的大致轮廓，注意尺度和作图规范，如体现出上下楼板、墙体、立面造型的整体关系（图7-30）。

②用针管笔画出立面的细节，如电视机、窗帘、电视柜、电视墙造型等，一般选择用0.1的针管笔（图7-31）。

③画出家具及墙体材质，上、下楼板结构，以及被剖切到的部分。并用0.3左右的针管笔将被剖切到的吊顶和结构楼板线加粗（图7-32）。

④标注尺寸线，用引线标注主要材料，并且用线要分粗细，注意对阴影的刻画（图7-33）。

⑤给主要的家具与墙体上色，用笔要利落。首先用较浅的暖红色以排笔的方式铺墙面石材部分，用浅蓝色铺壁纸部分（图7-34）。注意色调统一和冷暖对比。上色时注意用力轻重，由下至上逐渐变浅，注意留白处理。

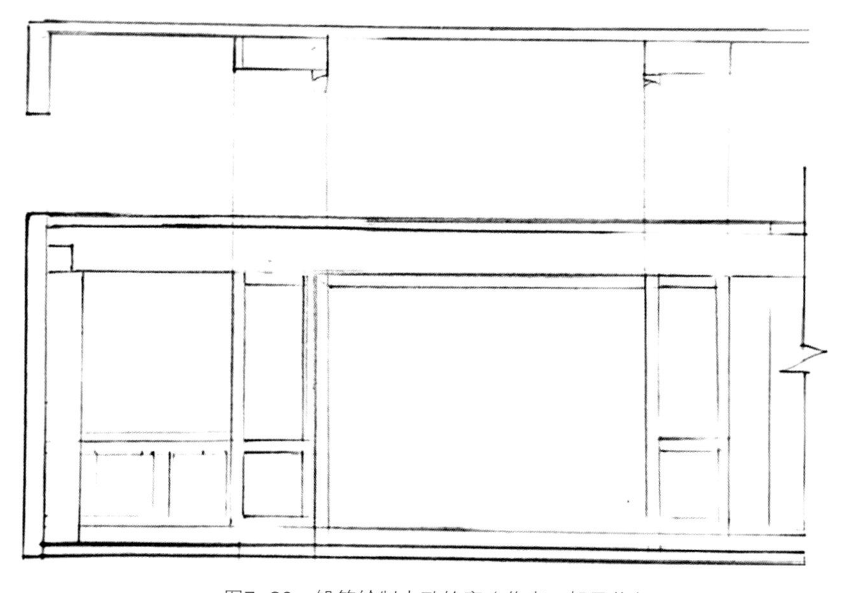

图7-30 铅笔绘制大致轮廓（作者：贺思英）

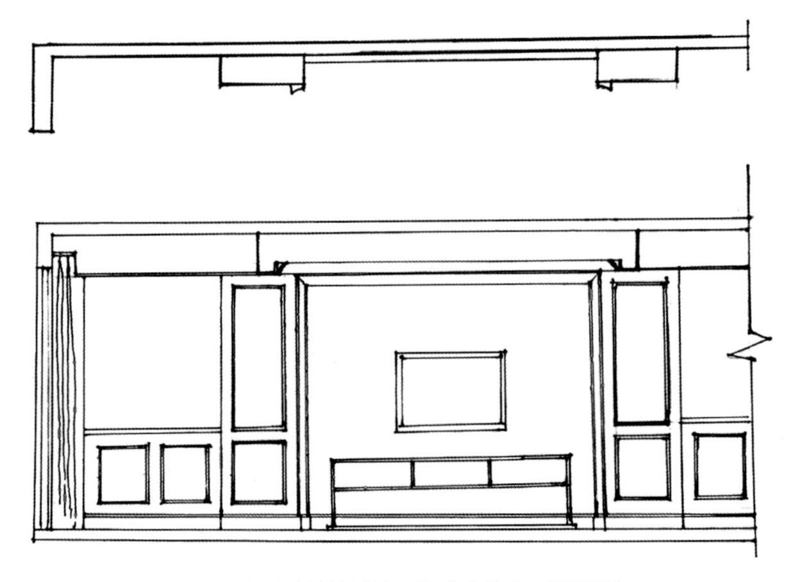

图7-31　针管笔绘制立面细节（作者：贺思英）

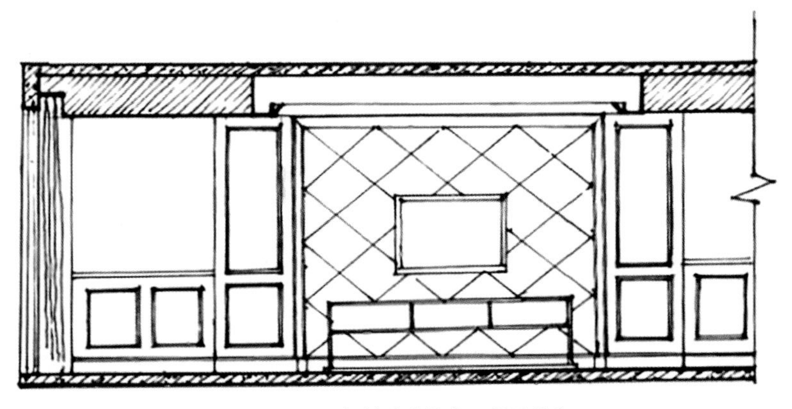

图7-32　添加材质（作者：贺思英）

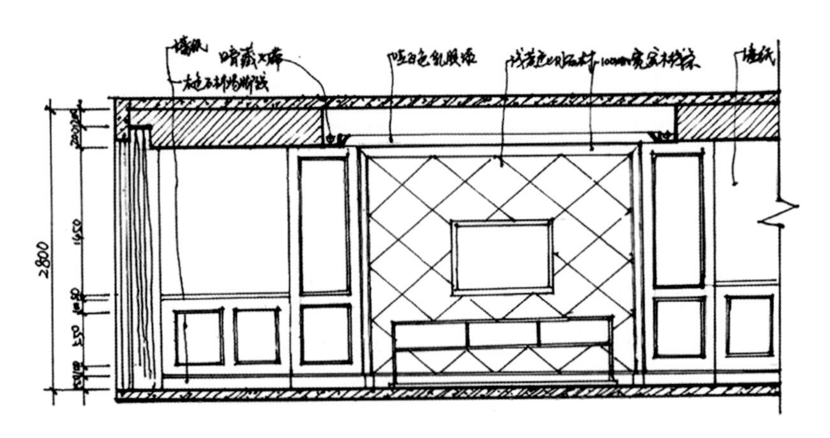

图7-33　尺寸、材质的标注（作者：贺思英）

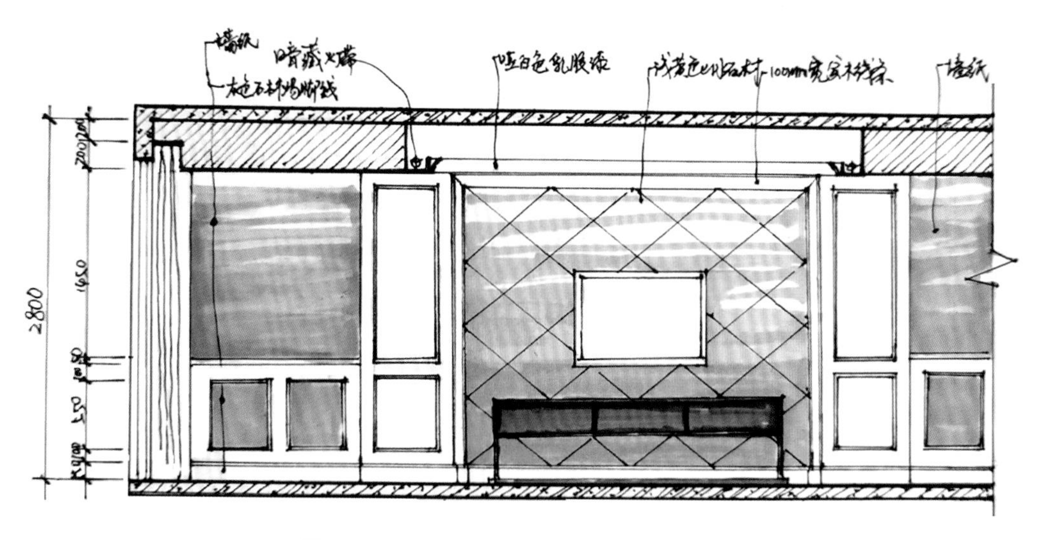

图7-34 主要家具、墙体上色（作者：贺思英）

⑥用马克笔画出突出的造型墙部分，用阴影表现前后关系（图7-35）。

⑦用深一个层次的马克笔画出上下楼板，注意用冷灰色表现楼板混凝土材质，用暖灰色表现被剖切到的吊顶部分（图7-36）。

⑧马克笔整体效果图完成后，开始用彩铅描绘细节。如用彩铅表现石材的纹理，用蓝色彩铅表现欧式壁纸的纹理，用橙色彩铅表现造型墙中间壁纸的质感，最后加深投影部分，进一步表达前后关系（图7-37）。

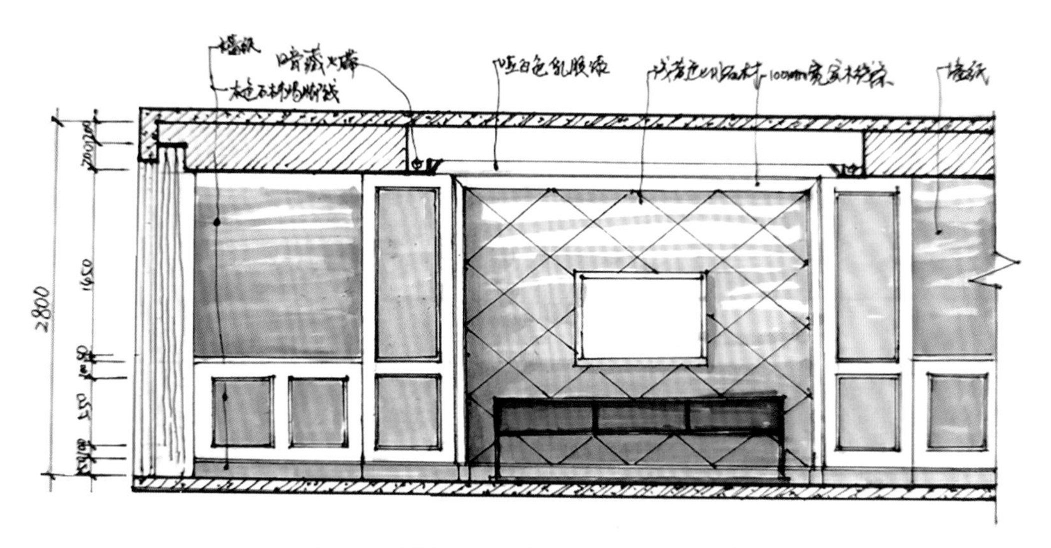

图7-35 造型墙上色，阴影绘制（作者：贺思英）

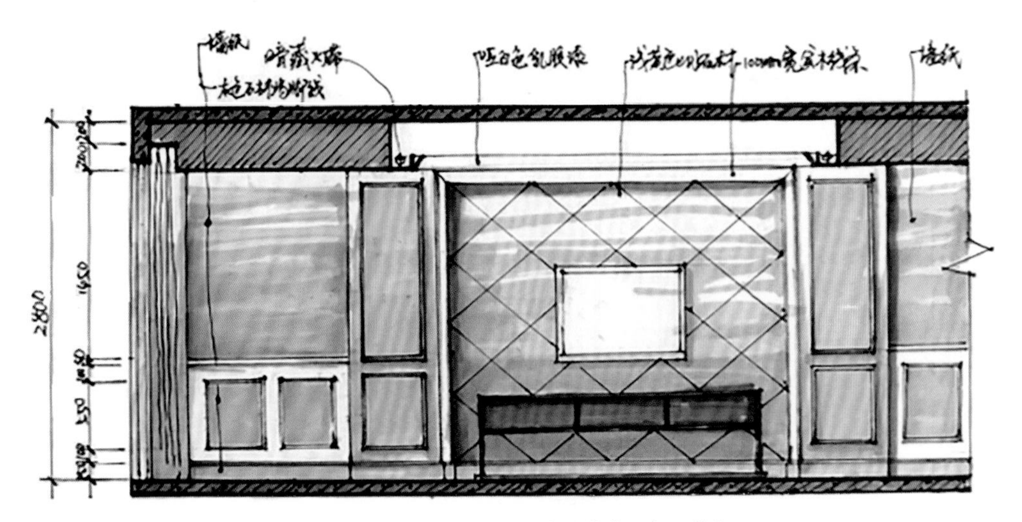

图7–36 楼板和剖切处上色（作者：贺思英）

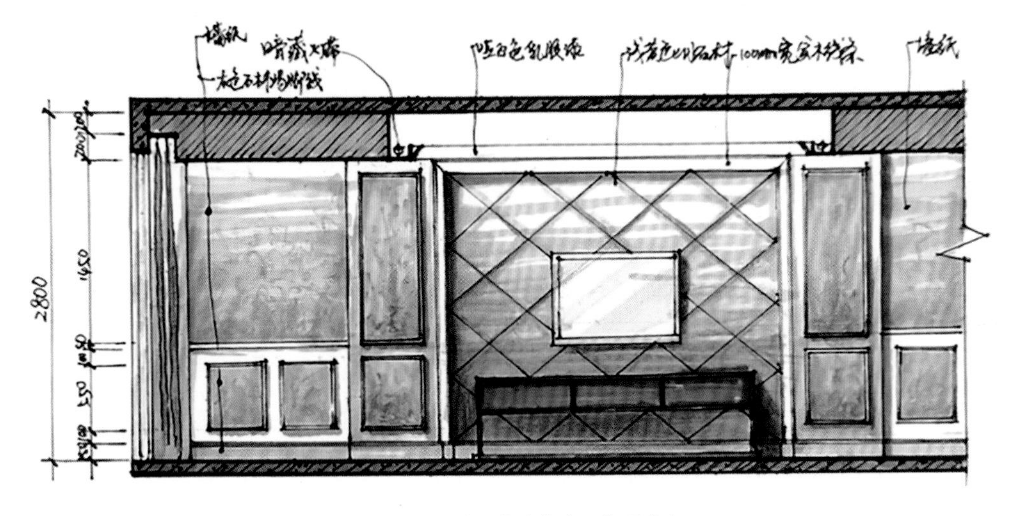

图7–37 细节深化（作者：贺思英）

7.3.2 室内设计立面图手绘注意事项

（1）根据平面图体现造型前后关系

绘制立面图的时候要注意，表现前面造型的时候不要带有透视，只体现出二维图形即可，如果墙面的造型有起伏，就利用阴影来体现其凹凸感（图7–38）。

（2）有清晰的尺寸和文字标注

立面图要有清晰的尺寸和文字标注，对于重要的元素要尽量加上标高。这样可以反映出设计者对立面设计有细致的考虑（图7–39）。

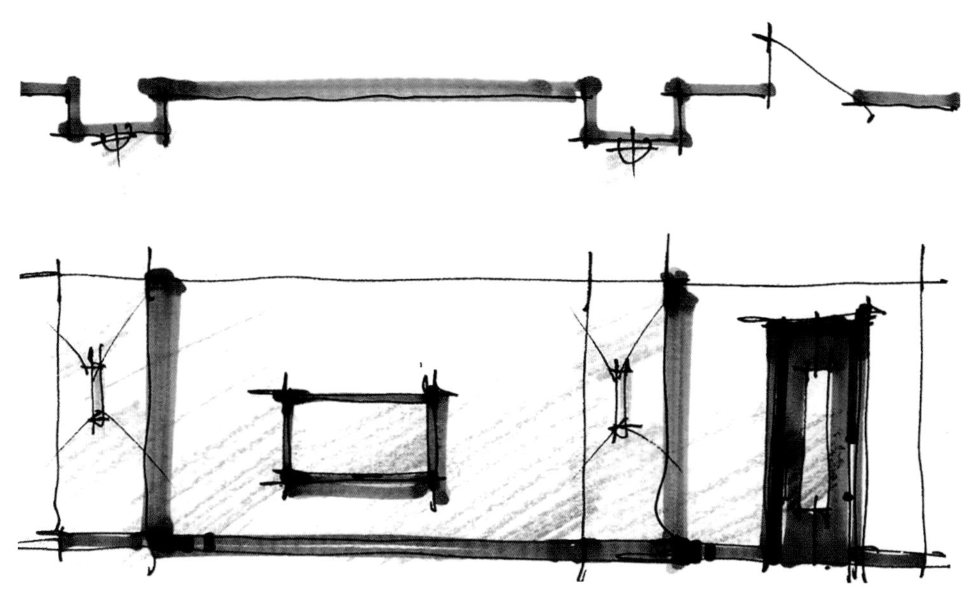

图7-38　利用阴影体现墙体凹凸关系

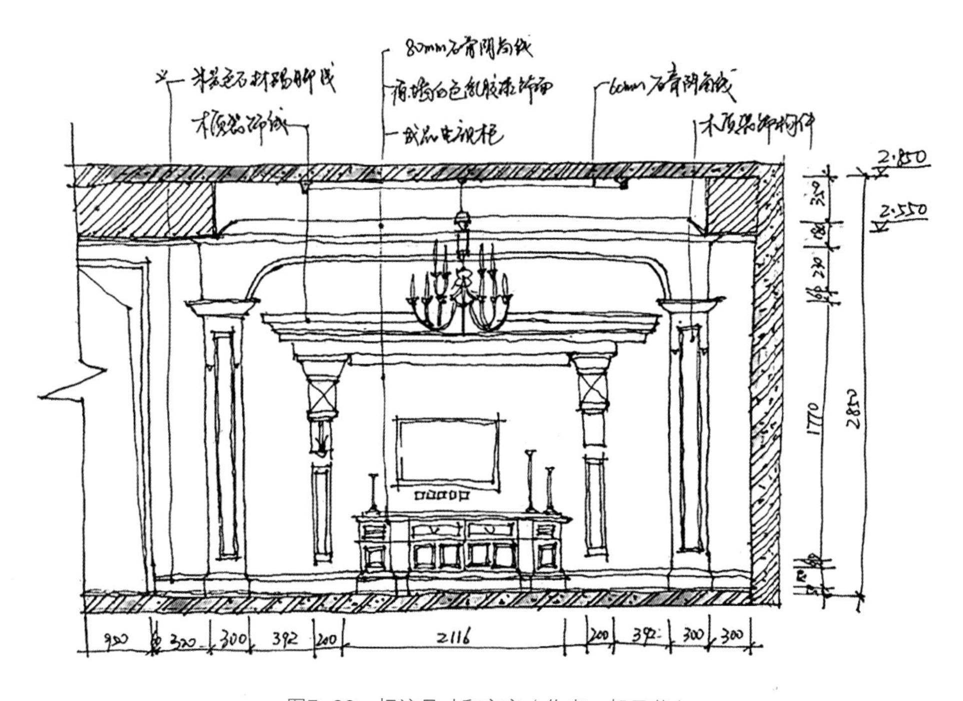

图7-39　标注尺寸和文字（作者：贺思英）

（3）立面颜色不宜过多

在快速构思阶段，立面图所用颜色不宜太多，要避免杂乱，要注意主次关系以及明暗虚实变化（图7-40）。立面图的家具也要画出投影形式，没必要用透视的形式来体现其造型以及前后关系（图7-41）。做到这些就够了，更深入的立面图一般都会用计算机做后期深化。

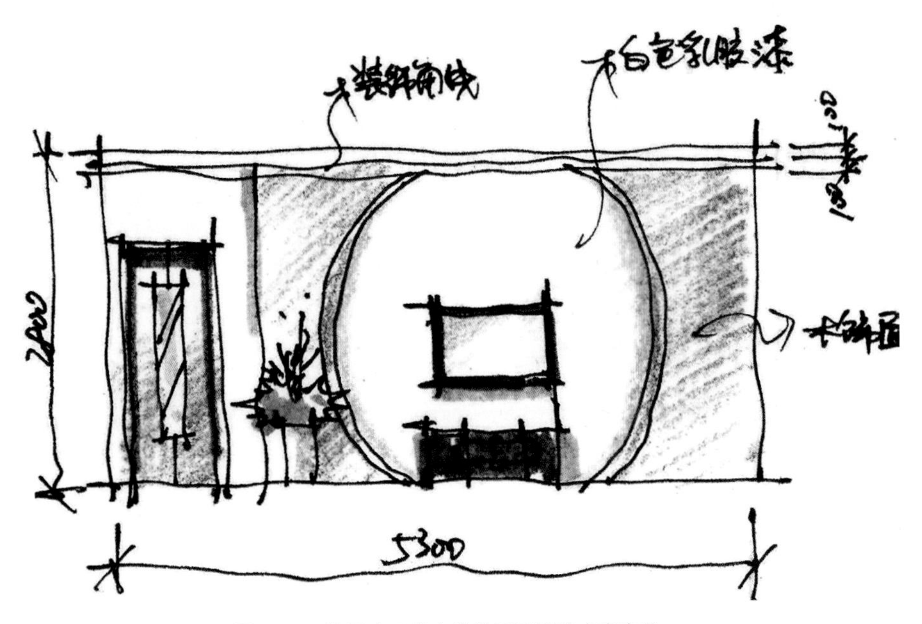

图7-40　简要表示出主次关系及明暗虚实变化

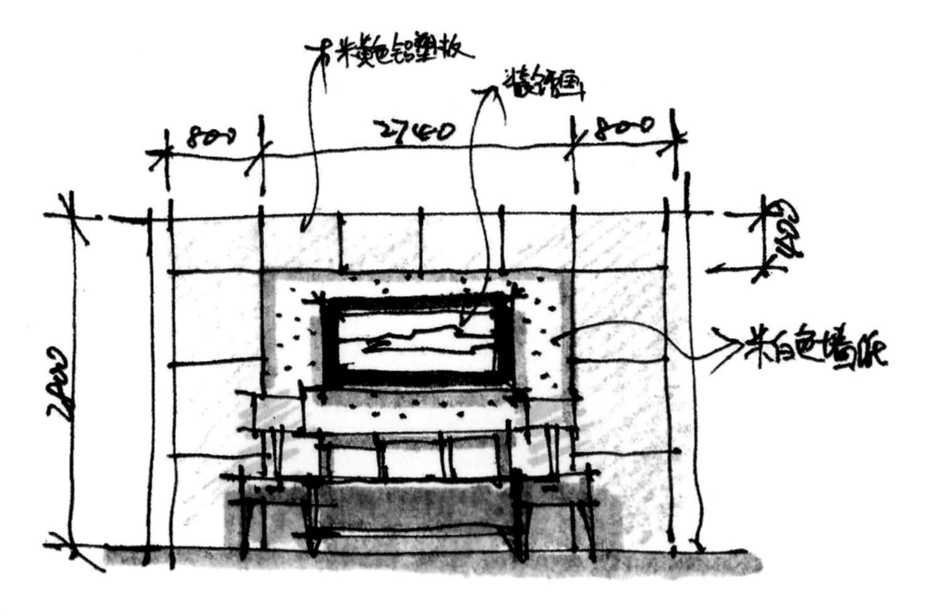

图7-41　简要表示家具立面

（4）注意人体工程尺度

符合人体工程学的室内家具布置及参考尺寸如图7-42~图7-46所示。

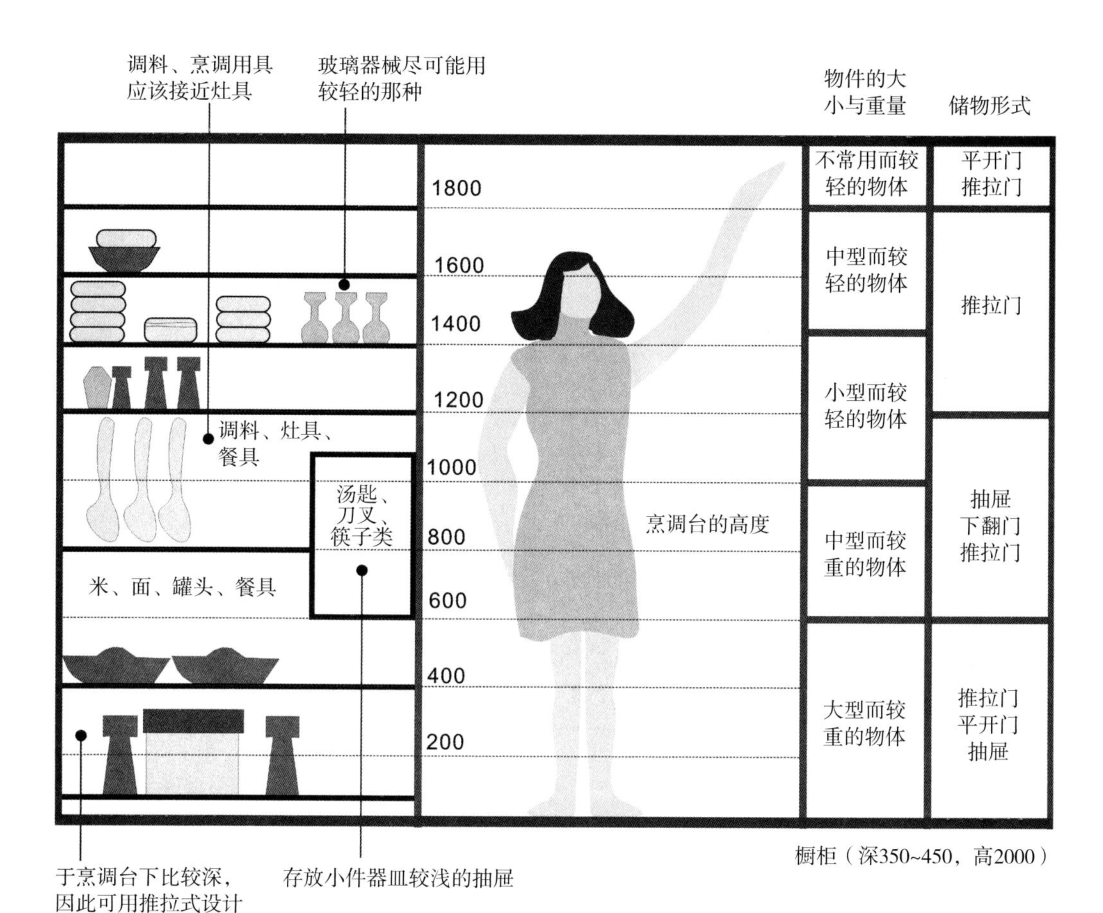

图7-42　厨房存储设置参考（单位：mm）

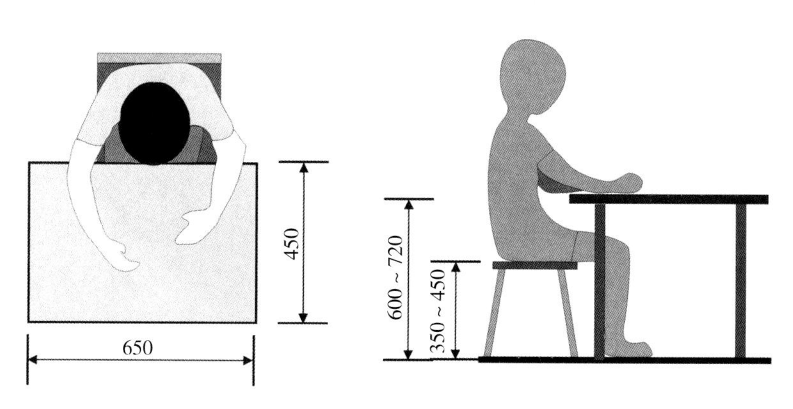

图7-43　儿童写字桌尺寸参考（单位：mm）

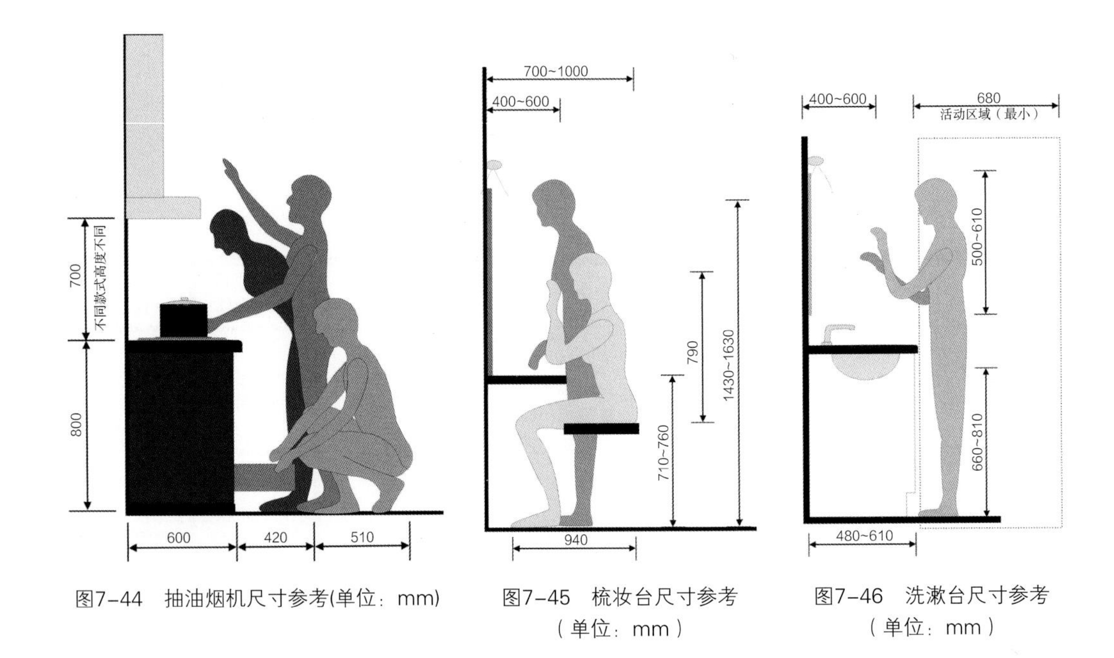

图7-44　抽油烟机尺寸参考(单位：mm)

图7-45　梳妆台尺寸参考（单位：mm）

图7-46　洗漱台尺寸参考（单位：mm）

本章小结

本章介绍了室内设计方案表达的任务和程序，并拓展了室内设计相关知识，突出了设计手绘的价值内涵。重点是要掌握室内平面图和立面图的绘制方法和注意事项，具备将二维平面图转换为三维效果图的能力。

思考与练习

试着进行室内方案草图设计，练习平面布置图和立面图表现技法。

第8章

室内方案设计手绘表现实践

本章重点

熟练掌握室内设计中常见的室内风格和快题表现技巧。
能够综合运用各种表现技法进行室内空间的线描和着色训练。
通过大量的图片赏析，提高鉴赏力。

学习目标

运用前几章所学的手绘表现技法，试着摆脱范画，独立完成一个室内空间的设计方案。能够辨别室内设计手绘效果图的优缺点，不断提高室内设计手绘效果图的表现能力，同时结合专业所需，提高室内设计创新能力。

8.1 现代中式风格室内空间方案设计

8.1.1 现代中式风格室内设计特点

现代中式风格是指提炼中国古典建筑元素使其符合现代人的生活习惯和审美情趣的一种装饰风格，让传统元素具有简练、大气、时尚的特点，使现代家居空间更具有中国文化韵味。

8.1.2 现代中式风格室内装饰要素

（1）材料选择

现代中式风格的空间造型多采用简洁硬朗的直线，在使用木质、石材、丝纱织物等材料的同时，还会选择玻璃、金属、墙纸、仿古瓷砖等现代材料，使得室内空间既含有浓重的东方气质，又具有灵活的现代感。窗格是现代中式风格中使用频率最高的装饰元素，空间隔断、墙面硬装均可选择使用。例如在客厅电视背景墙两侧采用成品定制的木格栅。

（2）色彩表现

一是以中国传统民间建筑最常用的黑、白、灰色为基调；二是在黑、白、灰基础上以皇家宫殿的红、黄、蓝、绿等颜色作为局部色彩。现代中式风格室内设计中，黑色、白色、粉色、黄色、橙色、红色、紫色、蓝色、灰色等各种颜色均可以搭配使用。常用红色、黄色、灰色和白色为基础色，再将木本色、黑色、绿色、蓝紫色等色彩穿插于其间，以营造出宁静高雅或祥和喜庆的空间氛围。

（3）软装元素

现代中式家具通常会将线条变得相对简洁与流畅，秉承了传统家具的精华，并借鉴现代家具的外形。家具陈设讲究对称，重视文化意蕴，多以深色为主，书卷气息较浓。窗帘通常选择纯色，即使有图案，也是简单、低调的暗纹。挂画和壁纸的选择更多体现传统的味道，例如采用中式花鸟图案、山水画、青花瓷图案等。现代中式风格室内设计通常会采用传统的小家具和装饰品结合的方式。例如在桌上摆放中式插画或者经典的中式元素，如灯笼、鸟笼、扇子、汉服等（图8-1）。

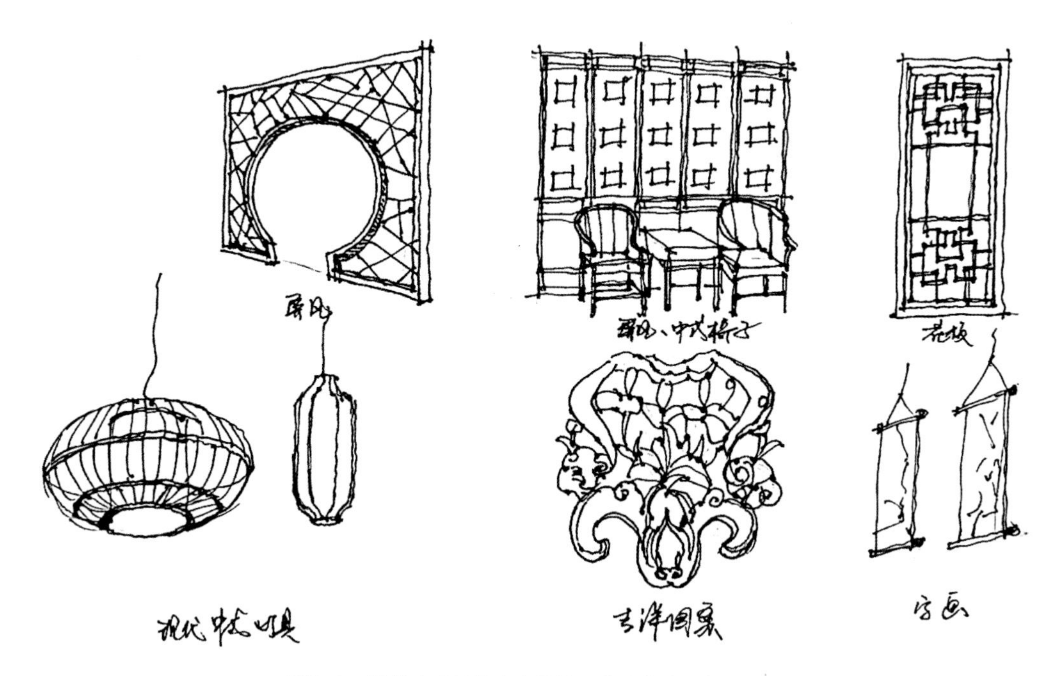

图8-1　现代中式风格室内设计元素（作者：贺思英）

8.1.3　现代中式风格室内设计方案分析

（1）现代中式风格室内设计平面图解析

对称中心的布局不仅容易表现视觉中心，同时也可以很好地营造稳定端庄的氛围，所以在室内设计平面图中首先要考虑一些中心对称的效果，这样才能将中式风格的特点体现出来，如图8-2~图8-4所示。同时在室内平面设计时还需要对家居空间形态进行分析。一个好的室内空间视觉效果有很大一部分来自室内陈设家居的形态。

（2）现代中式风格室内设计立面图解析

无论是传统中式风格还是现代中式风格，都要将中式风格的内涵作为设计的基础支撑，然后再加入对应的现代生活元素。在进行中式室内立面设计过程中，无论使用哪一种手段都需要对整体效果进行思考，如果装饰手法使用得过多，就会给人拥挤的感觉。反之使用得过少，又会给人一种空旷的感觉。

例如，为了表现中国特有的传统文化，用胡桃木隔断、折扇、青花瓷、中式圈椅、山水画等体现浓郁的东方之美。这正是中式风格与其他风格的不同之处。

中式风格室内立面设计非常强调空间的层次与跳跃感，讲究线条简单流畅、融合精雕细琢的意识。例如，将客厅立面设计作为重点，沙发背景墙左右两侧采用简洁的中式隔断，中间为山水画石材装饰。电视背景墙借用中式园林中的圆形镂空窗格，结合现代的造型手法，使空间大而不空、厚而不重，很好地营造了中式风格的氛围（图8-5~图8-7）。

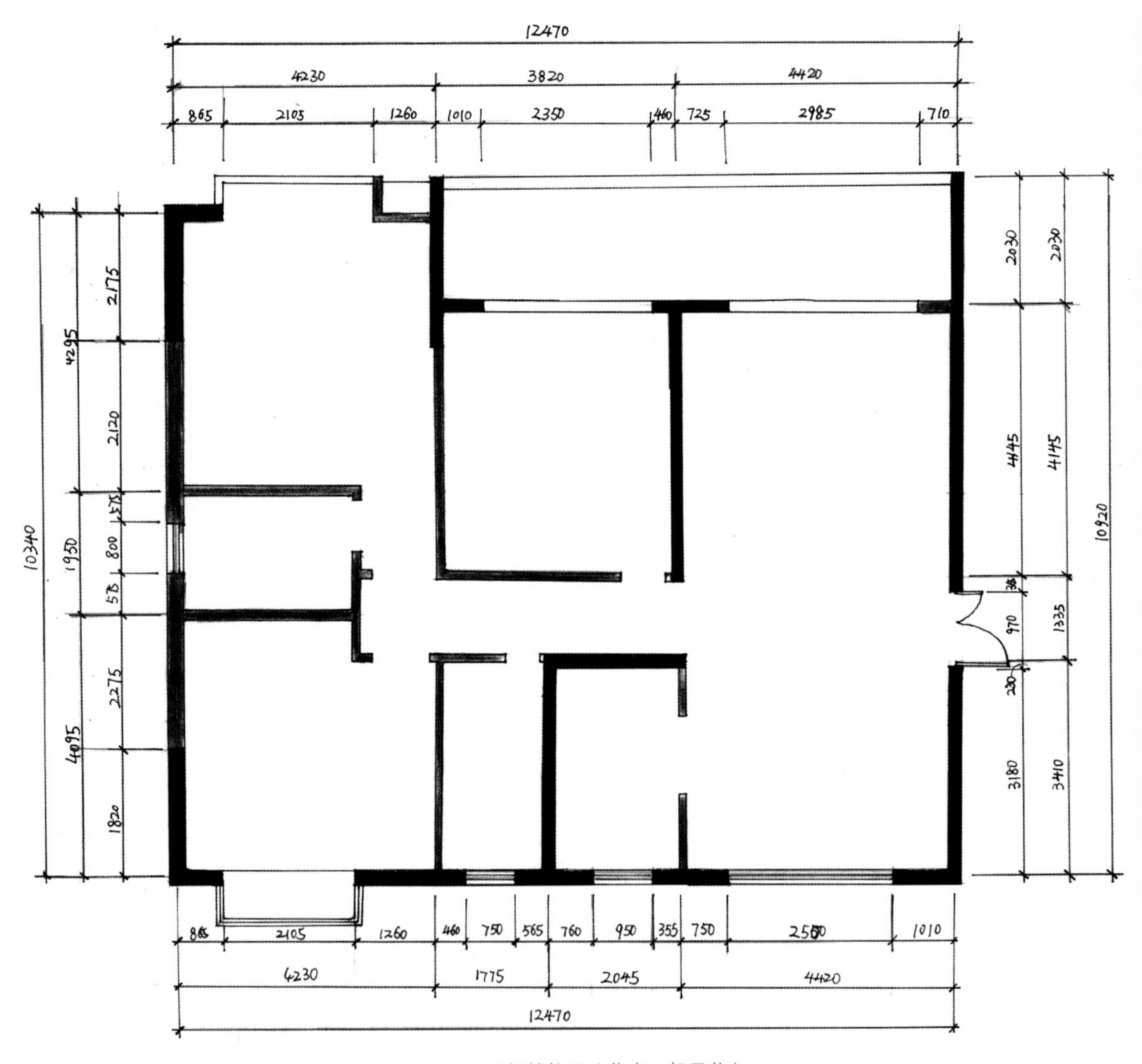

图8-2 原始结构图（作者：贺思英）

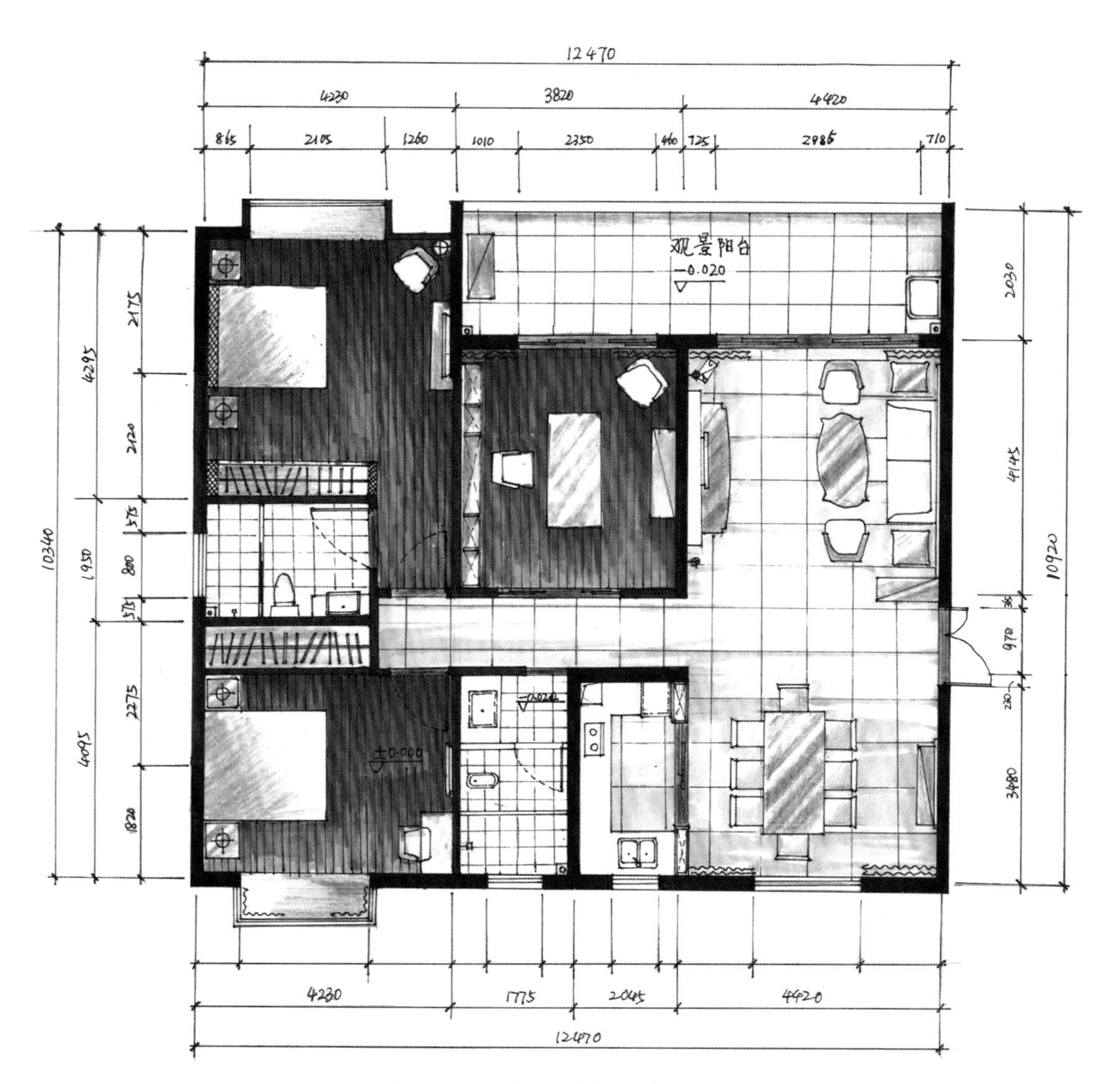

图8-3　平面布置图（作者：贺思英）

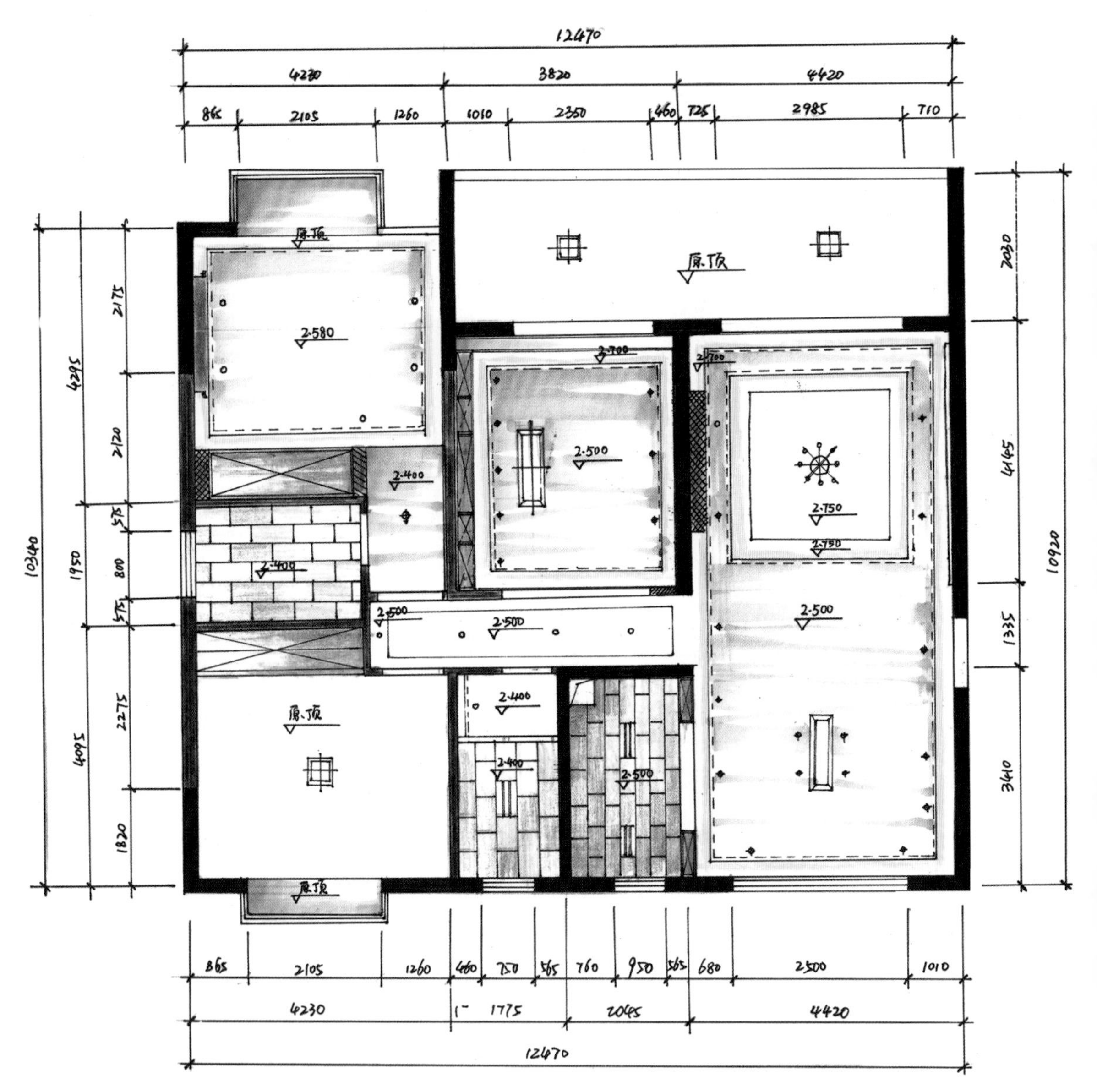

图8-4 天花布置图（作者：贺思英）

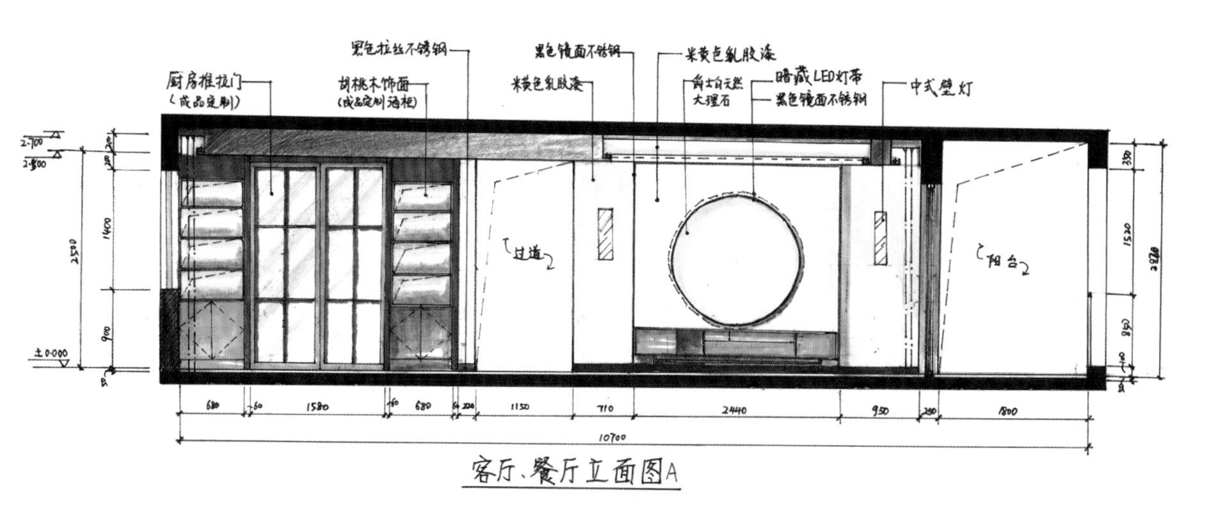

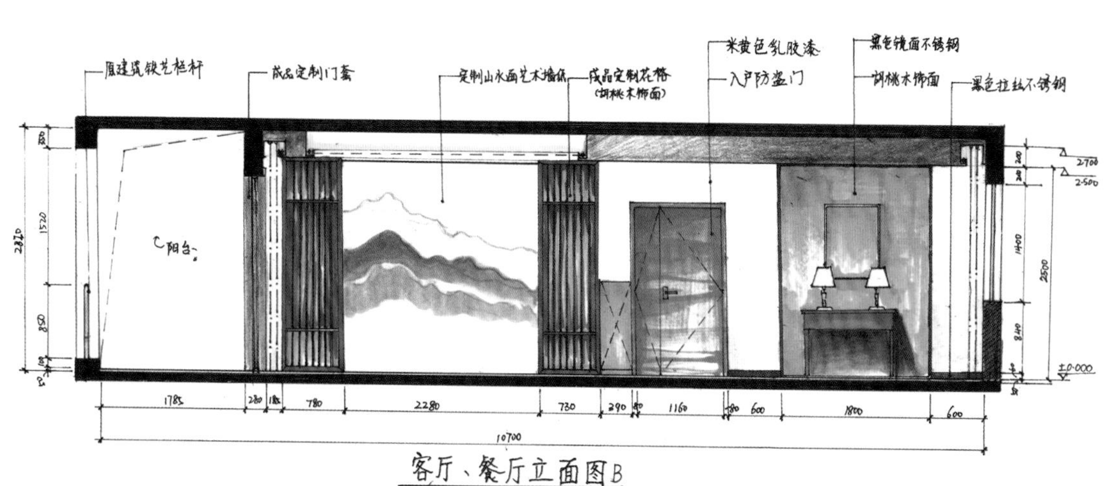

图8-5　中式风格客厅、餐厅立面图一（作者：贺思英）

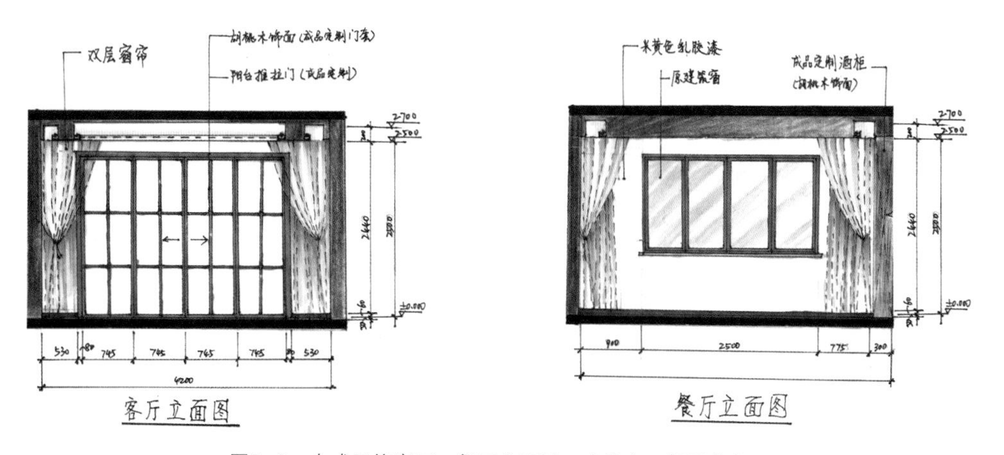

图8-6　中式风格客厅、餐厅立面图二（作者：贺思英）

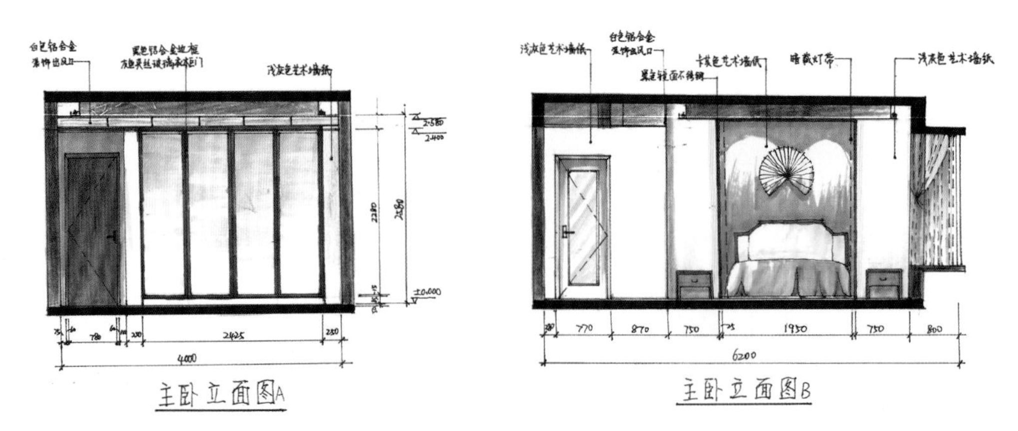

图8-7　中式风格卧室立面图（作者：贺思英）

（3）现代中式风格室内设计效果图解析

现代中式风格室内设计的色彩较为淡雅。如图8-8、图8-9所示，主体色选择了沉稳、古朴的棕红色，与背景的浅色相互协调，衬托出空间庄重、雅致的特点。

图8-8　中式风格客厅效果图（作者：贺思英）

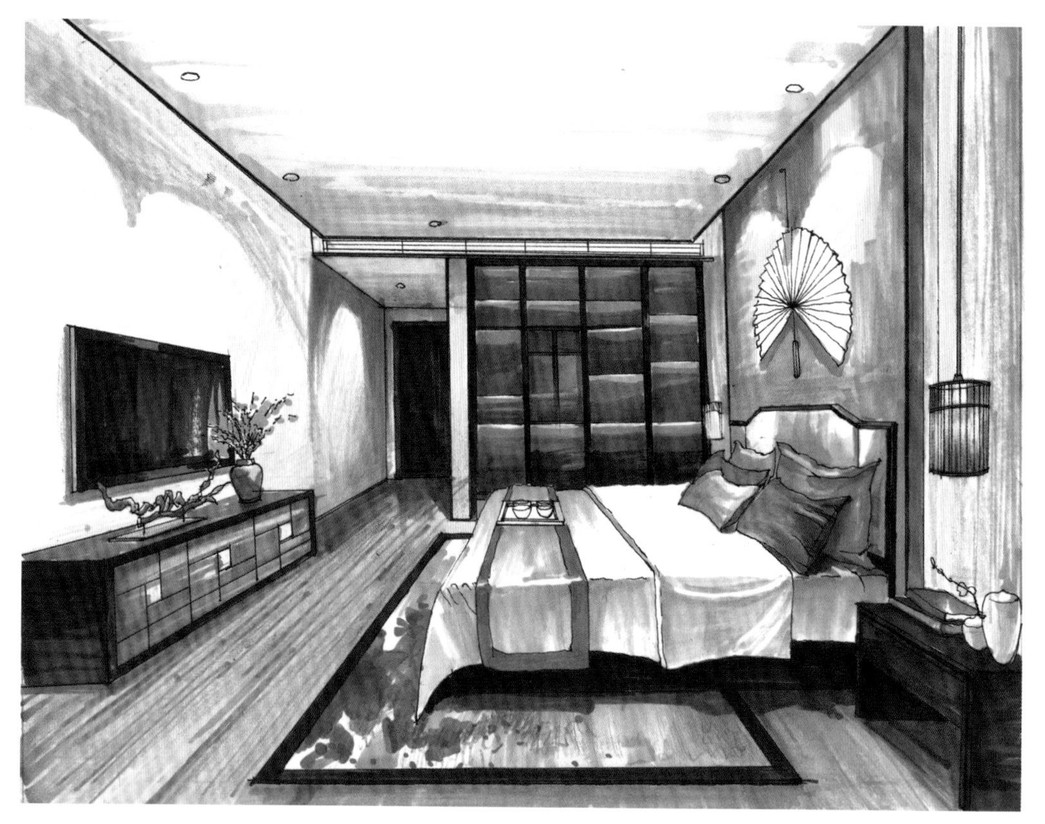

图8-9　中式风格卧室效果图（作者：贺思英）

8.2　欧式风格室内空间方案设计

欧式风格是指具有欧洲传统艺术文化特色的风格。根据不同的时期常被分为古典风格（古罗马风格、古希腊风格），中世纪风格，文艺复兴风格，巴洛克风格，洛可可风格，新古典主义风格等。根据地域文化的不同则可分为地中海风格、法国巴洛克风格、英国巴洛克风格、北欧风格、美式风格等。在方案表现图上常使用古典元素来增强历史文脉特色，用家具及陈设品来烘托室内环境气氛。在平时的生活中，要注意收集、积累欧式风格的相关室内设计元素（图8-10）。

8.2.1　欧式风格室内设计特点

欧式风格室内设计常见特点如下。

①罗马柱。其中多立克柱式、爱奥尼柱式、科林斯柱式是希腊建筑的基本柱子样式，也是欧式风格室内设计最显著的特色。

图8-10　欧式风格设计元素（作者：贺思英）

②壁炉。壁炉是在室内靠墙砌筑的生火取暖的设备。由于欧洲地处北半球偏北，气温较为寒冷，因此壁炉是欧式风格室内设计较为显著的特色。

③拱及拱券门。这是门洞及窗经常会采用的形式。

④腰线。建筑墙面上中部的水平横线，主要起装饰作用。

⑤顶部造型。顶部造型常用藻井、拱顶、尖肋拱顶、穹顶。与中式藻井不同的是，欧式的藻井吊顶有更丰富的阴角线。某些欧式吊顶也常用木材，如地中海风格的吊顶。

8.2.2　欧式风格室内装饰要素

（1）家具

欧式家具上极富装饰性的雕花是其最为显著的特点。雕花的位置、数量、比例也同样讲究对称和协调。在所有欧式家具中，巴洛克与洛可可风格最强调线条与雕刻工艺，而巴洛克风格更加豪华夸张，空间更富有热情（图8-11）。

图8-11　欧式家具

（2）布艺

欧式风格室内空间中的布艺在视觉上色彩较饱和丰富，常用色织、印花等工艺，多用棉、丝、绸缎和绒布，亚麻类的面料多用于自然田园的氛围。一般来说，布料选取的原则是在触感上以舒适柔软为主，强调厚重感、层次感，整体具有繁复奢华的特点（图8-12）。

图8-12　欧式地毯

（3）灯饰

欧式灯具的人造光影辅助不仅可以塑造欧式风格的宏大华丽，其外观造型更是一件艺术品。例如铁艺枝灯、水晶吊灯，它们的外形线条丰富圆润，装饰整齐划一，经典造型的吊灯不仅能强调欧式风格的气派和精致，还赋予了整个空间韵律感。水晶灯是古典欧式风格灯饰的代表，有序排列的外形、丰富的曲线造型和材质表现，使室内流光溢彩，更突出了金碧辉煌的场景（图8-13）。

图8-13　欧式吊灯

（4）装饰物

在欧式风格中，从大件的家具、墙面，到日常用品这类小物件的装饰，都会强调曲线美和细节美，如花梗、花蕾、藤蔓以及自然界各种优美起伏的形体图案。表现载体多种多样，有铁艺制品、陶艺制品、玻璃、瓷砖等，它们综合运用于室内装饰中，构成丰富多变的空间（图8-14）。

图8-14　欧式装饰物

8.2.3　欧式风格室内空间设计案例分析

图8-15~图8-27为欧式风格室内空间设计案例，以时尚的欧式线条装饰客厅电视背景墙，采用欧式柱式将客厅和餐厅进行隔断，用奢华的水晶灯和色彩纯粹的沙发来表现空间氛围。当一个空间需要进行透视图转换时，首先要把握空间中最具设计感的，也就是最能体现重点设计的部分。例如本案例中餐厅到客厅的柱式隔断是透视图要重点体现的内容，因此在进行转换时，就要把这个重点表达清楚，其余的部位可以相对概括地表现。

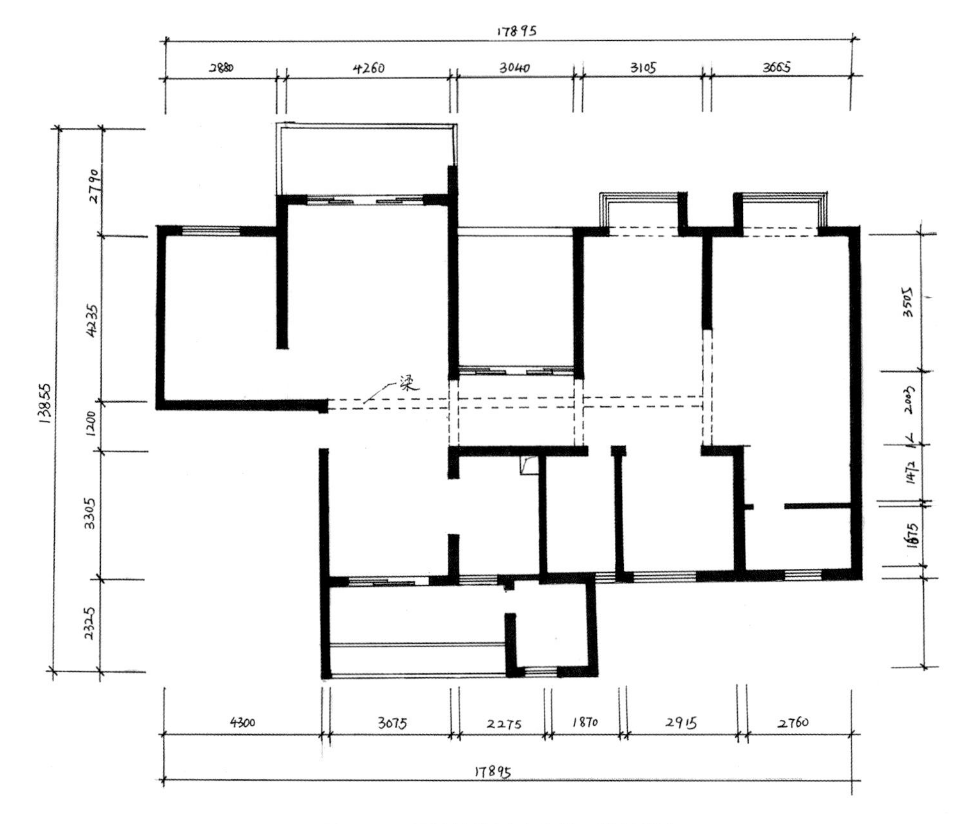

图8-15　原始结构图（作者：贺思英）

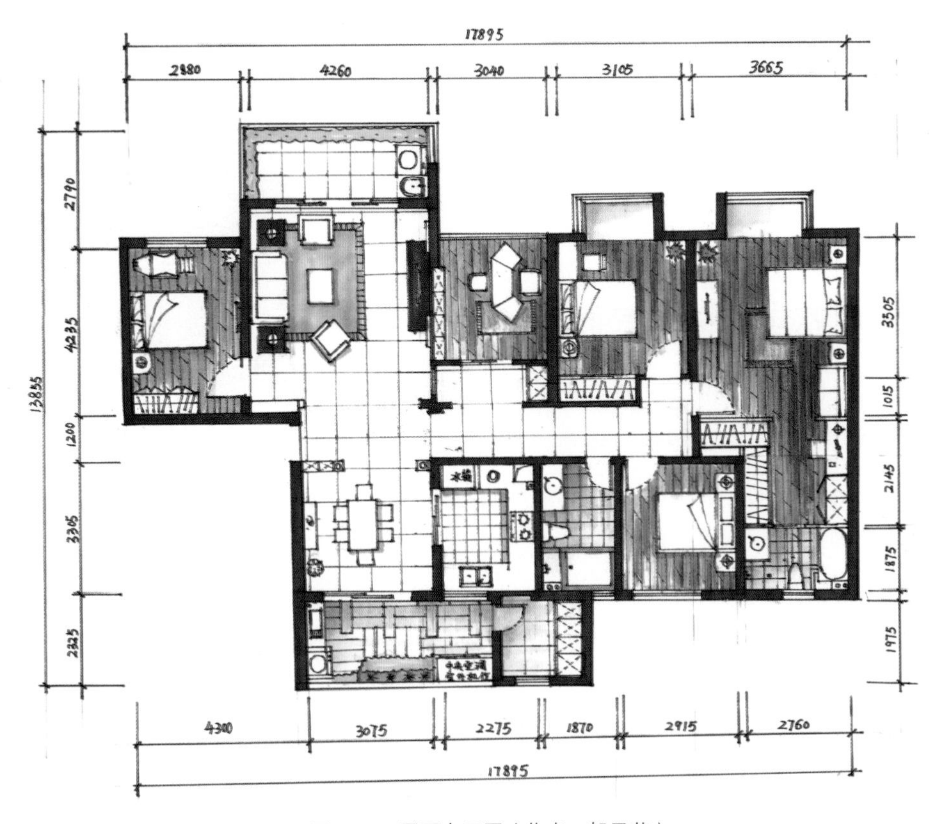

图8-16　平面布置图（作者：贺思英）

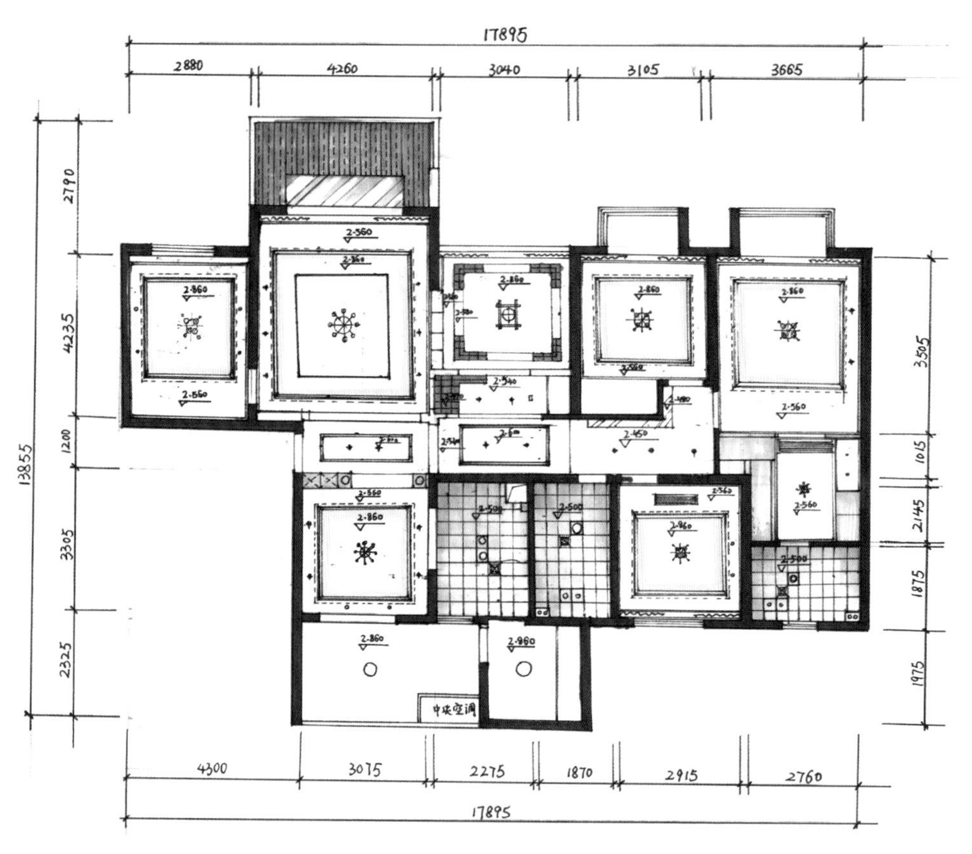

图8-17　天花布置图（作者：贺思英）

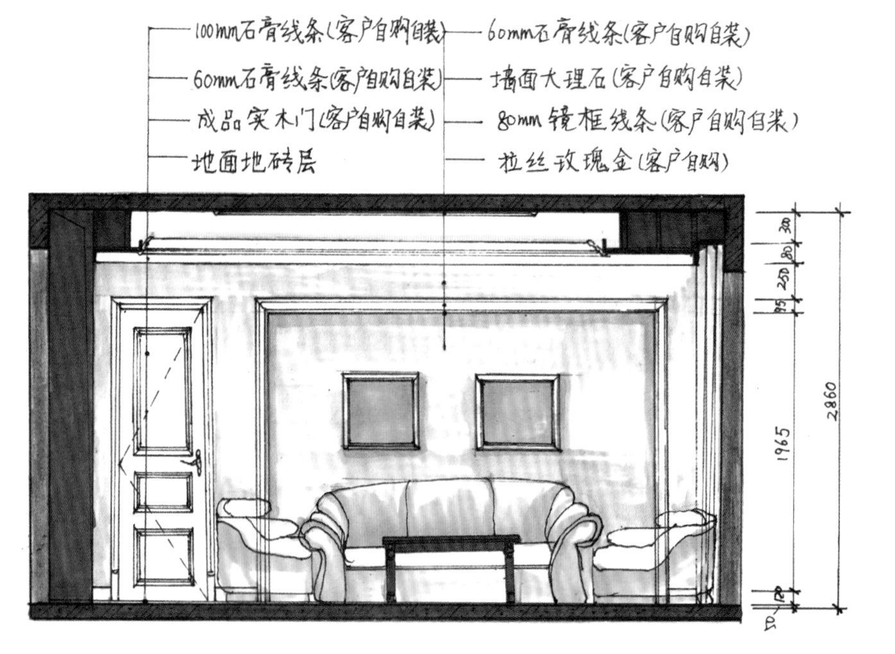

图8-18　客厅沙发背景墙立面图（作者：贺思英）

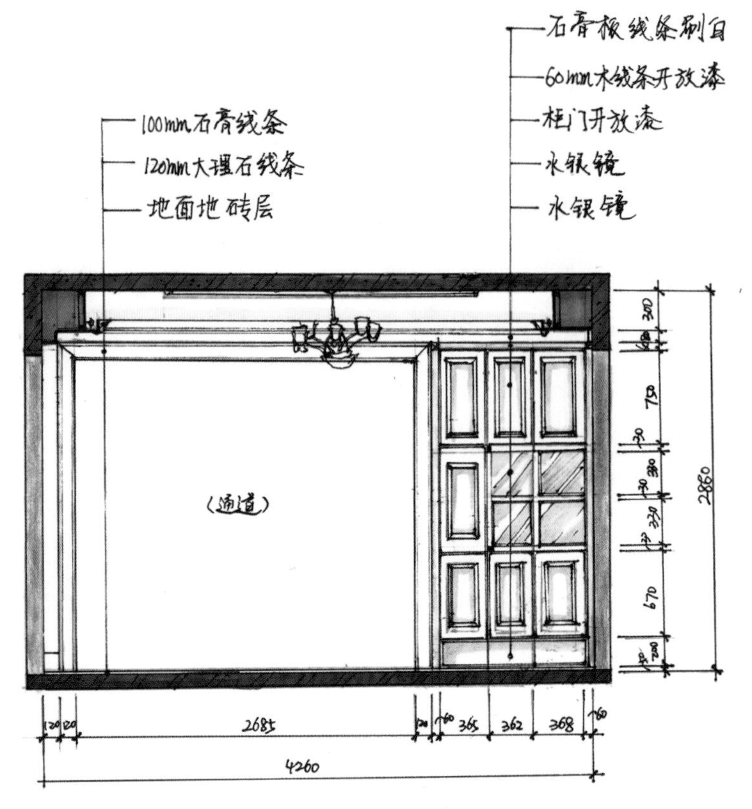

图8-19　玄关立面图（作者：贺思英）

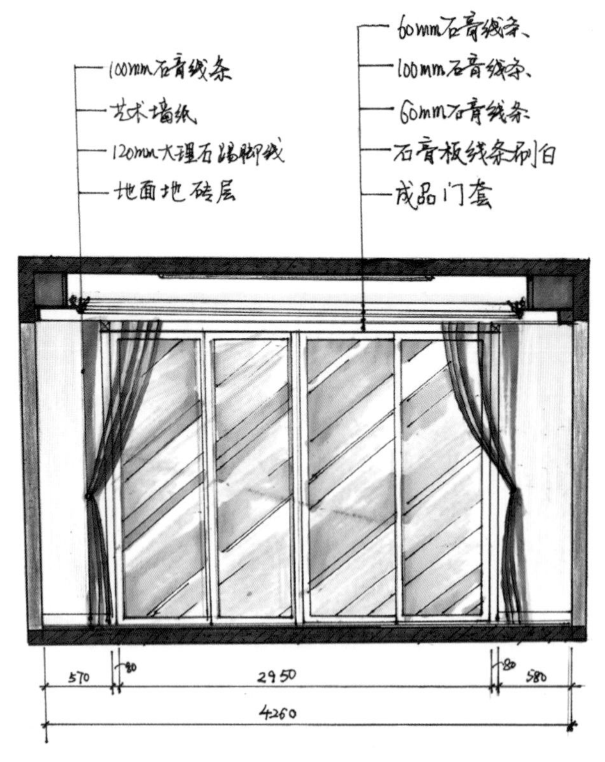

图8-20　客厅窗户立面图（作者：贺思英）

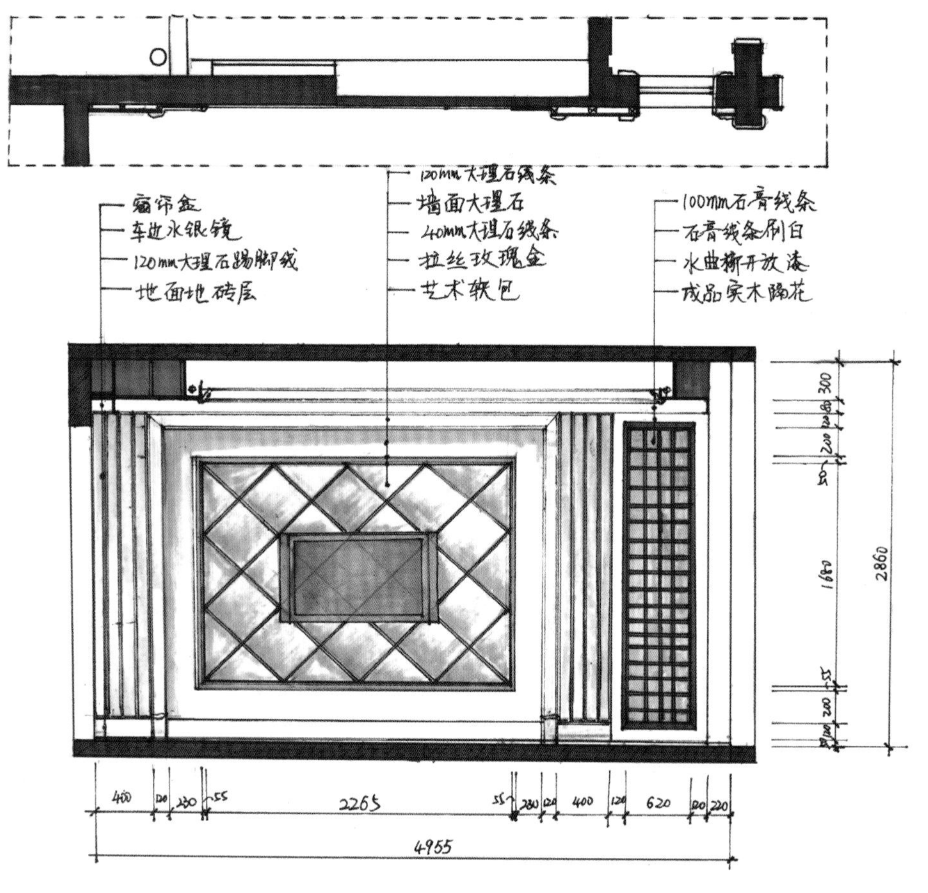

图8–21　客厅电视背景墙立面图（作者：贺思英）

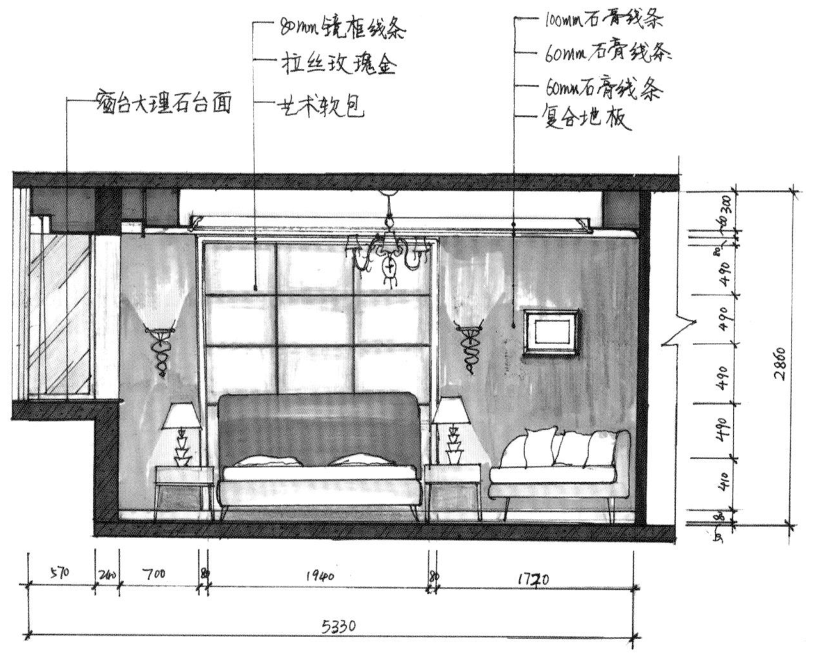

图8–22　主卧立面图（作者：贺思英）

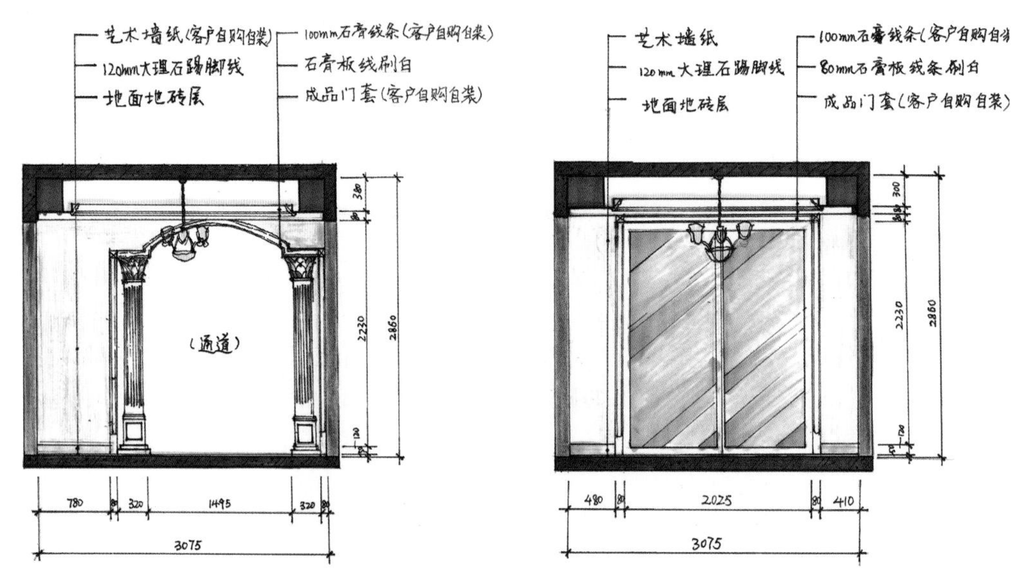

图8-23 餐厅立面图一(作者:贺思英)

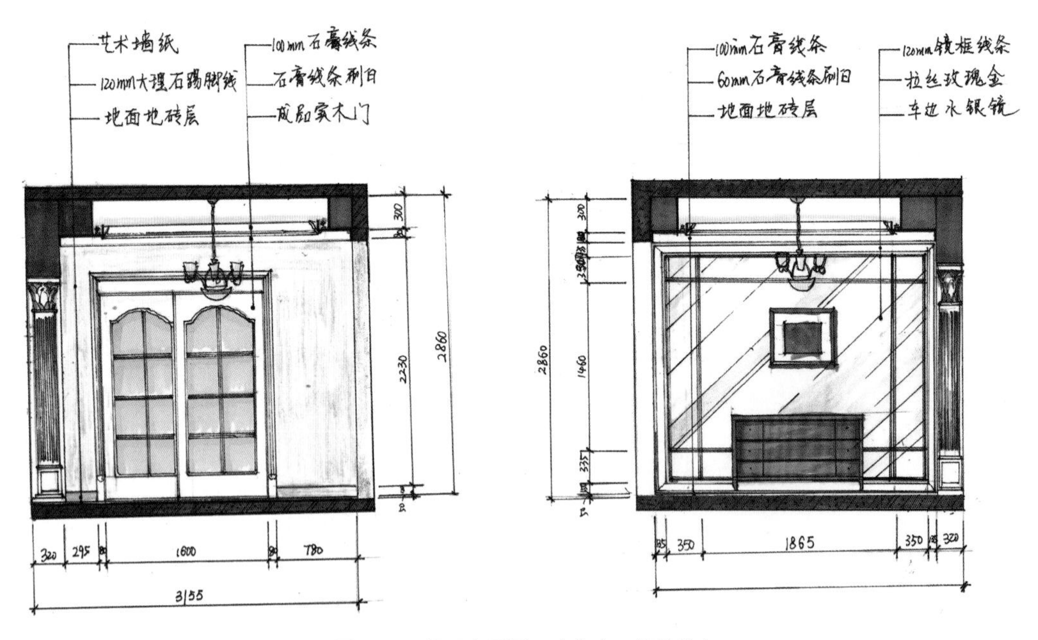

图8-24 餐厅立面图二(作者:贺思英)

图8-25　客厅方案效果图（作者：贺思英）

图8-26　餐厅方案效果图（作者：贺思英）

图8-27 卧室方案效果图（作者：贺思英）

8.3 现代轻奢风格室内空间方案设计

“轻奢”顾名思义即轻度的奢华，但又不是浮夸，体现一种精致的生活态度。将精致融入生活正是对轻奢风格最好的表达。对轻奢风格最青睐的莫过于“80后”和“90后”的消费者。他们的审美受时代影响，同时他们是一群对时尚、对艺术、对生活都有着高要求的人，更注重品位与个性。

当今的室内设计流行“轻硬装、重软装”的设计理念，轻奢风格的设计也是如此。其硬装设计简约，线条流畅，不会采用过于浮夸复杂的造型，主要通过后期软装来体现细节，让奢华从细枝末节中自然流露，完美诠释轻奢风尚。

本节以具体案例讲解现代轻奢风格室内空间设计特点和装饰要素等内容。

8.3.1 现代轻奢风格室内设计特点

现代轻奢风格家居强调室内空间的宽敞与通透，因此本节案例中的餐厅与客厅处在同一空间，卧室采用了下沉式平吊顶。

在硬装造型上，现代轻奢风格空间讲究线条感和立体感，因此本案例中的客厅背景墙、主卧背景墙都选择了干净利落的直线条作为装饰。客厅电视背景墙不是朴素的涂料墙面，而是采用大理石的形式使空间显得更加精致。

如果说“轻”用简约的硬装来体现，那么“奢”则主要体现在精致的软装上。这种风格的气质往往通过家具、布艺、地毯、灯饰等软装细节呈现出来，让人在视觉和心灵上感受到双重的震撼。

8.3.2　现代轻奢风格室内装饰要素

（1）材质定位

本案例中主要采用的装饰材料有大理石、烤漆家具、金属材质、几何图案及造型、艺术抽象画等。

（2）色彩定位

主要采用灰色、橙色、金色、典雅黑等颜色。本案例中主要以高级灰为基调，用橙色作点缀，清透的玻璃、纤细的家具，轻松营造出都市人追求的低调华丽氛围。典雅黑与金色的搭配则将轻奢的格调完美地呈现出来（图8-28~图8-35）。

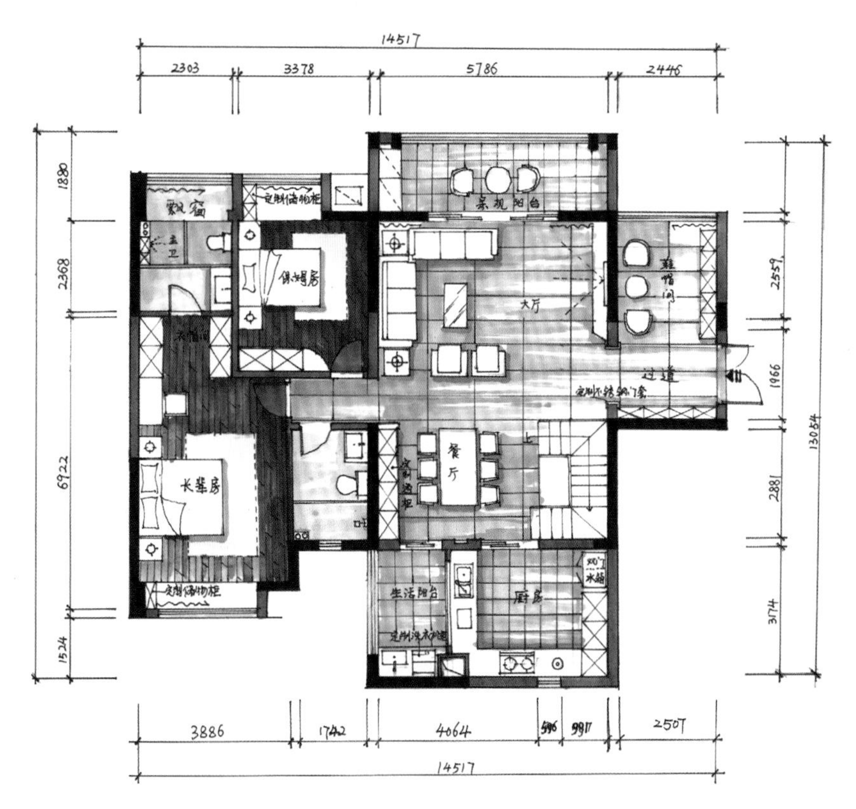

图8-28　一层平面布置图（作者：贺思英）

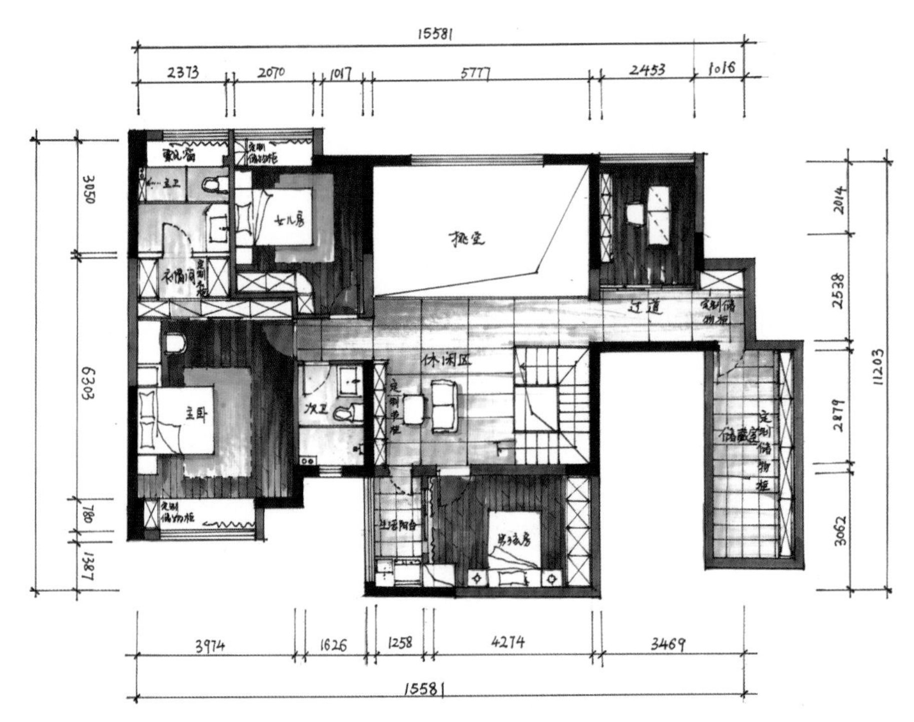

图8-29　二层平面布置图（作者：贺思英）

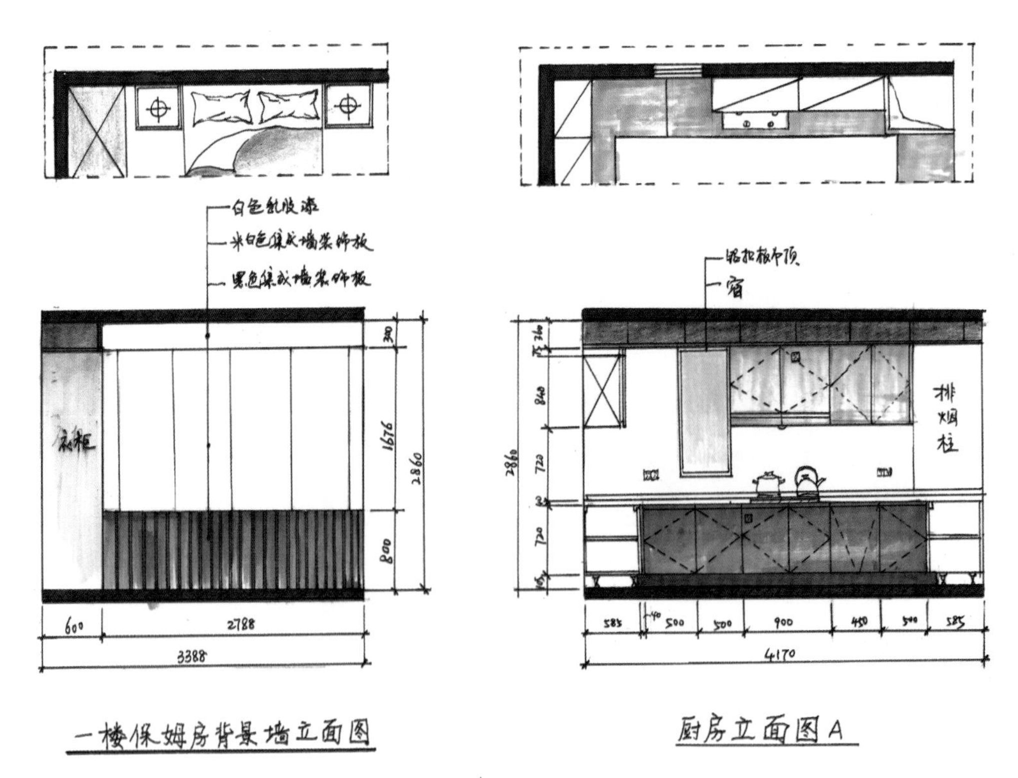

图8-30　一层厨房和保姆房立面图（作者：贺思英）

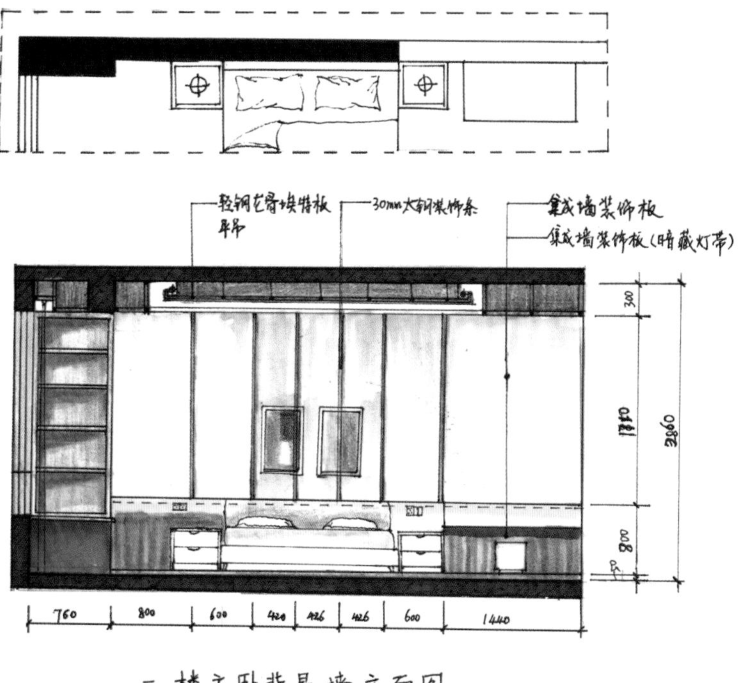

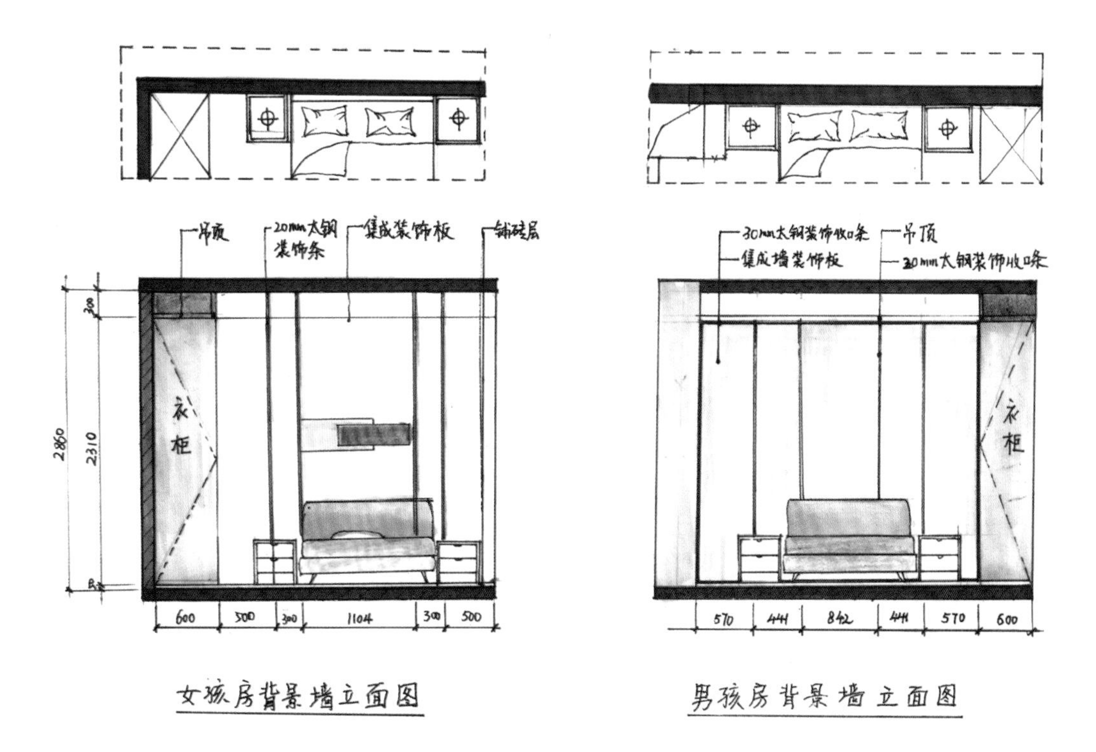

图8-31　二层主卧和儿童房立面图（作者：贺思英）

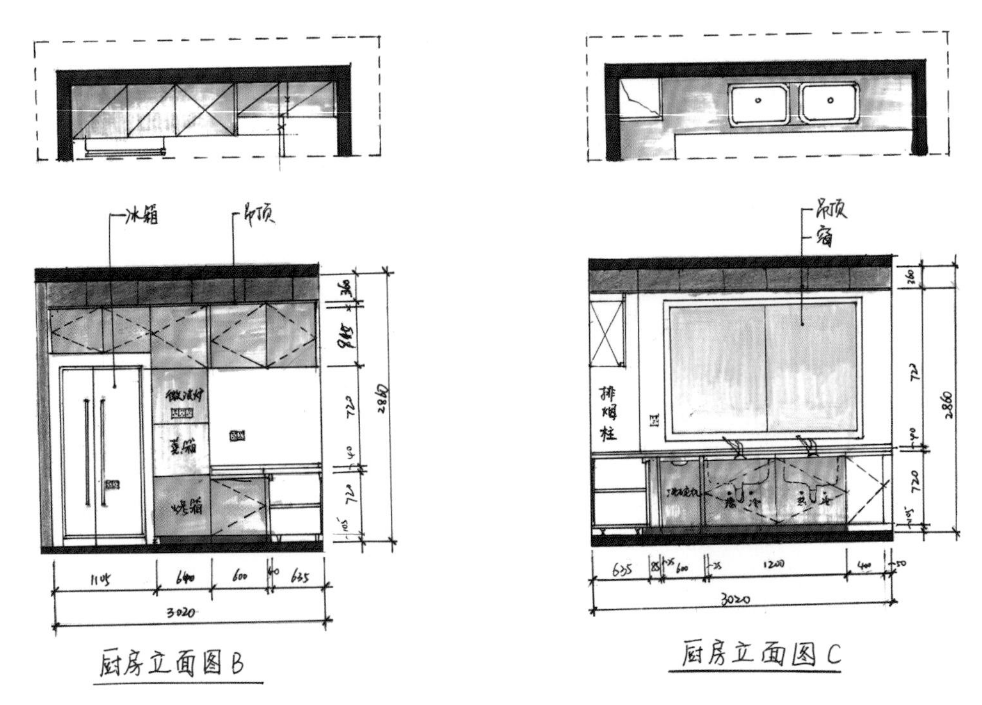

图8-32　一层厨房立面图（作者：贺思英）

图8-33　客厅、餐厅效果图（作者：贺思英）

图8-34　儿童房效果图（作者：贺思英）

图8-35　书房效果图（作者：贺思英）

8.4 建筑环境空间效果图表现

8.4.1 建筑环境空间效果图线稿表现

手绘效果图是需要时间、耐心及绘画功底的。一些大型设计公司仍然时常使用手绘的效果图来表现最终设计的宏大场景。手绘线稿后期不需要借助尺规，所以画面中那些略微起伏的、粗细不均的线条更具有生命的张力和艺术的趣味性。这样会令设计的最终展示别具一格，令人印象深刻（图8-36~图8-46）。

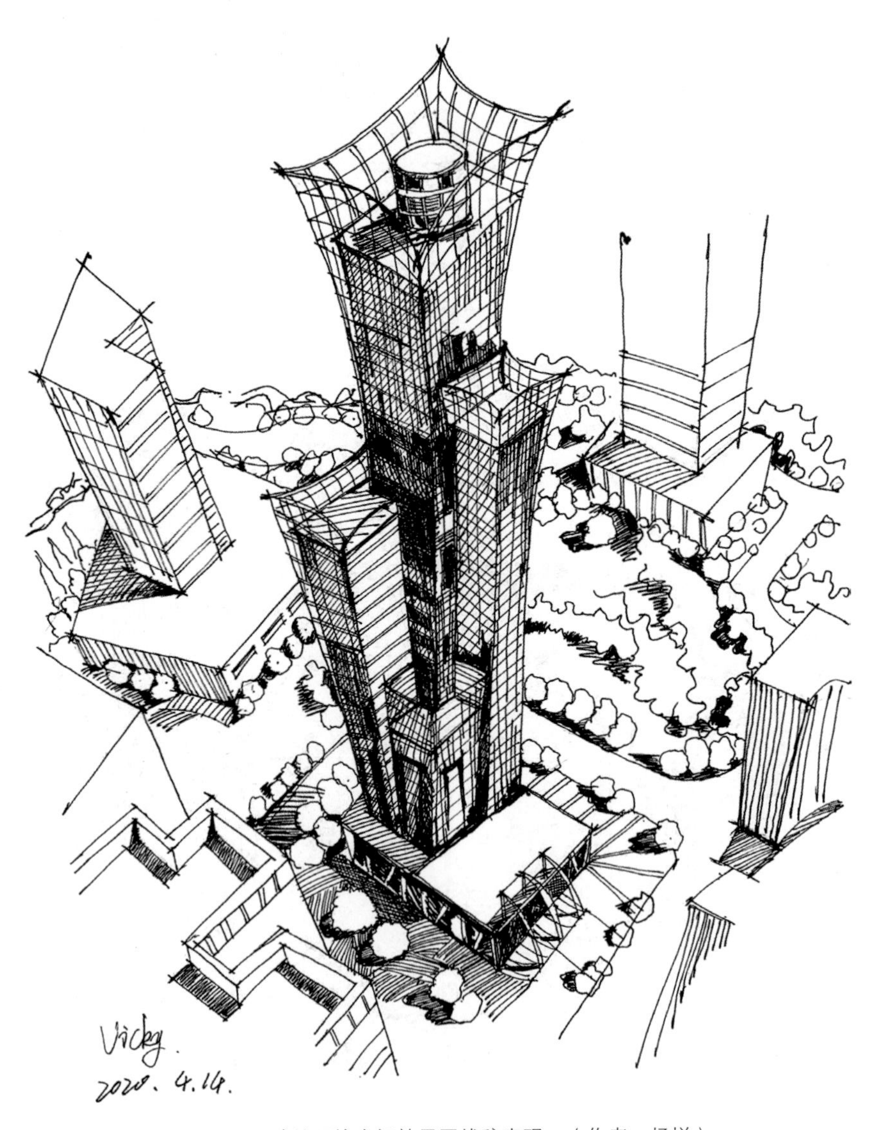

图8-36 建筑环境空间效果图线稿表现一（作者：杨悦）

图8–37　建筑环境空间效果图线稿表现二（作者：杨悦）

图8-38　建筑环境空间效果图线稿表现三（作者：杨悦）

图8-39　建筑环境空间效果图线稿表现四（作者：杨悦）

图8-40 建筑环境空间效果图线稿表现五（作者：杨悦）

图8-41　建筑环境空间效果图线稿表现六（作者：杨悦）

图8-42　建筑环境空间效果图线稿表现七（作者：杨悦）

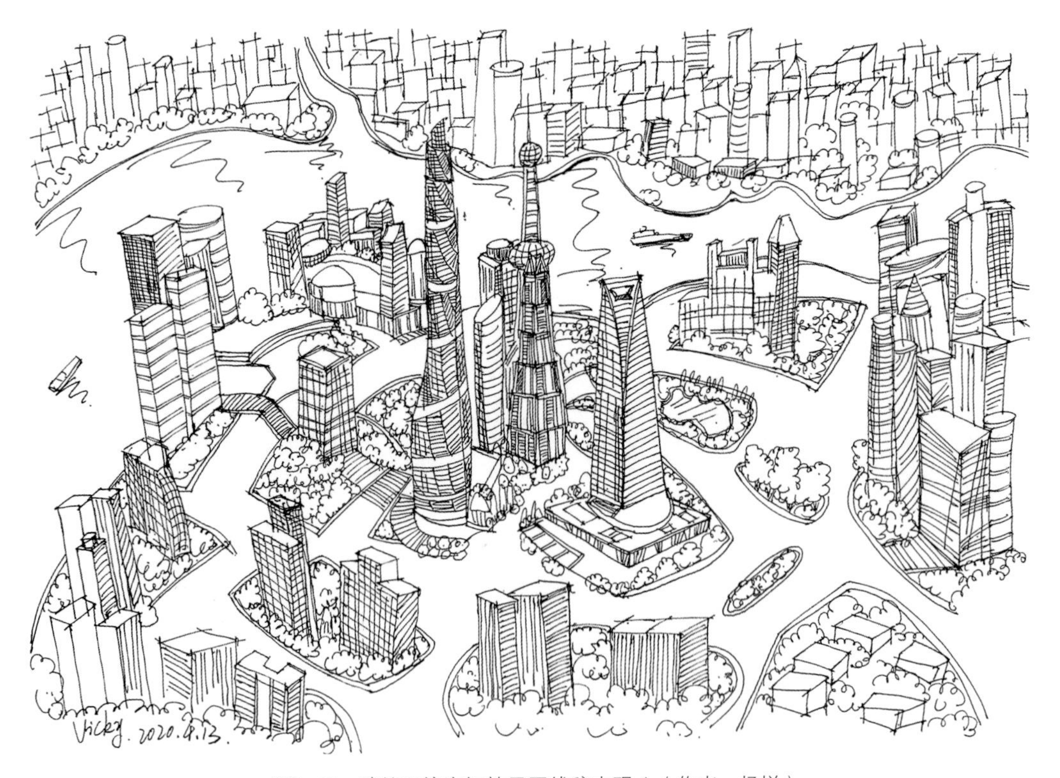

图8-43　建筑环境空间效果图线稿表现八（作者：杨悦）

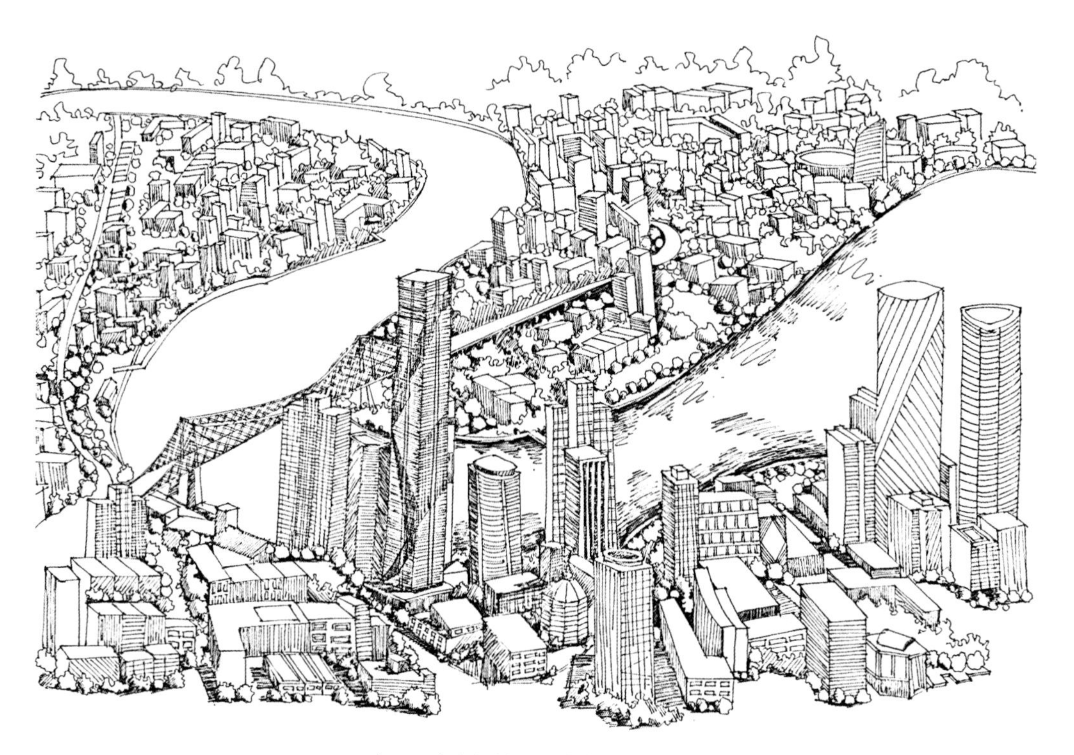

图8-44　建筑环境空间效果图线稿表现九（作者：杨悦）

图8-45　建筑环境空间效果图线稿表现十（作者：杨悦）

图8-46 建筑环境空间效果图线稿表现十一（作者：贺思英）

8.4.2 建筑环境空间效果图上色表现

图8-47~图8-50是建筑环境空间效果图上色表现的作品及其解析。其中不仅包含了对作品本身的评价，还针对具体作品讲解了建筑环境空间效果图上色表现的要点。

图8-47 某高校图书馆水彩写生（作者：贺思英）

【作品解析】 该作品为水彩写生。水彩画建筑物写生时要注意以下几点。

①选景。无论建筑物是一座还是一群，都要着眼于基本形体的美感。

②不能只注重门窗、瓦墙等局部的小效果，而忽视了整体的大效果。

③在画建筑物时，要表现出它的稳定感和庄重感，而不能显得轻薄。

④重点是表现建筑光影、体块感和建筑物的结构关系。

⑤透视至关重要，要认真对待透视的变化和形体的准确，才能有好的表现效果。

图8-48　风景彩铅写生（作者：贺思英）

【作品解析】 该作品采用的工具是针管笔和彩铅。快速写生的关键在于起稿之后，迅速寻找画面大的色调关系，把对不同季节、不同时间光照产生的截然不同的效果充分表现出来，并在此基础上抓住景物的特征，从色彩方面进行适当夸张，使其更具表现力和感染力。同时还要表现出画面的深远感，近处要着眼于形体和结构的刻画，远处主要画出外形美的特征就可以了。

图8-49　风景水彩写生（作者：贺思英）

【作品解析】 该作品用水彩，表现出一种清淡、含蓄、偏灰色调的画面效果，略显朦胧而又透澈轻盈，形成一种特有的气氛。上色时一是注意大色调的把控；二是注意水彩表现需画面整洁，要求在颜料中添加大量水分，轻薄涂色；三是注意上色时由浅入深、由整体到局部逐步进行；四是注意要适当留白，例如天空，这样会使画面的空间感更强。

图8-50　建筑马克笔写生（作者：贺思英）

【作品解析】 该作品采用马克笔快速表现，画面主体是别墅。在作画时，先画建筑的白色外墙，切记不能画得过深，画出周围映衬在上面的环境色即可，再画周围的配景、天空等。

8.4.3　学生作业点评

图8-51~图8-55是编者所带学生的平时作业。编者对这些作业进行点评，指出值得借鉴的优点和有待提升的不足之处。

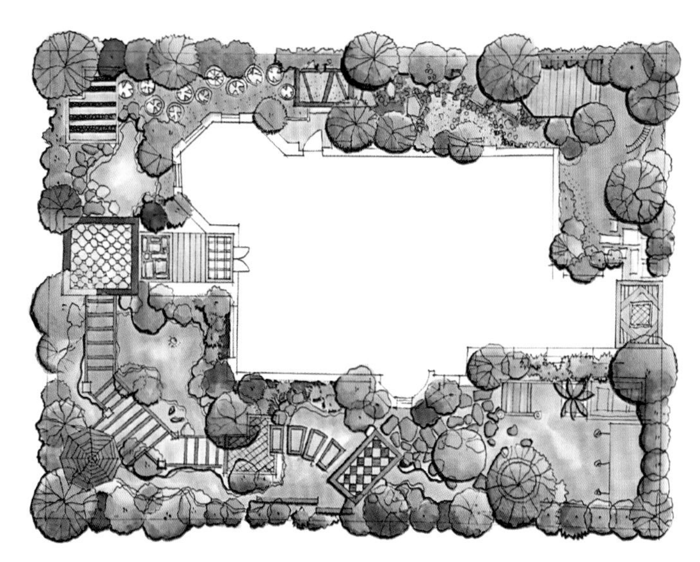

图8-51　学生作业一（作者：谢思连　指导老师：兰益）

【教师点评】 这是一幅别墅庭院彩色平面图。学生对图中建筑物的室内部分进行了简化处理，重点突出室外绿化植物和水景。整个画面色彩采用冷绿色，色调统一协调。

图8-52 学生作业二（作者：庞千禧 指导老师：兰益）

【教师点评】 这是一幅别墅庭院景观快题设计，整个画面构图紧凑。学生对图中建筑物室内部分进行了简化处理，将建筑物的左侧空地作为后花园重点设计。采用跌级式景观阶梯，在跌水周边局部加宽地形，做出休息观景平台；顺着流水方向设置观景桥，加强景观亲水性；在跌级式景观阶梯的最高处设置休闲观景亭，营造水溪源头景观。

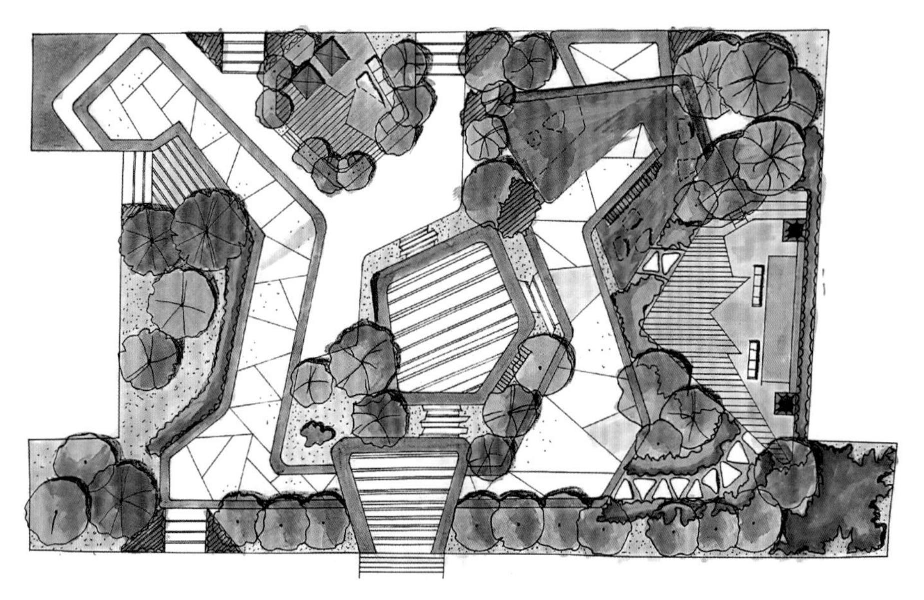

图8-53　学生作业三（作者：梁停停　指导老师：兰益）

【教师点评】 这是一幅景观节点平面图，采用了不规则的多边形构图。不规则多边形具有现代感、简洁感及形式感。将不规则的道路围绕中间的广场布置，空间灵活多变。将道路留白，重点突出室外绿化植物，色调丰富统一。

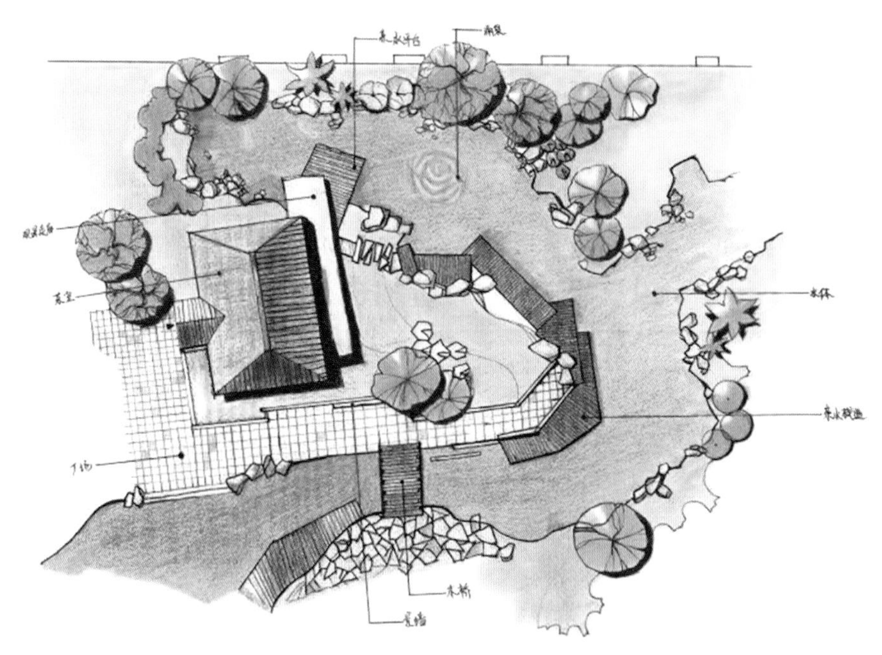

图8-54　学生作业四（作者：莫嫲琳　指导老师：贺思英）

【教师点评】 这是一幅小区景观彩色平面图，采用自然式园林布局，利用曲折迂回的道路和错落有致的树群突出水体与树木的掩映关系。在构图手法上采用广场与建筑小品互为对景的方法，在色彩表现上采用了冷暖对比，红褐色建筑屋顶和浅黄色的草地突出了草地与建筑之间的空间关系，使图面效果更有层次感。

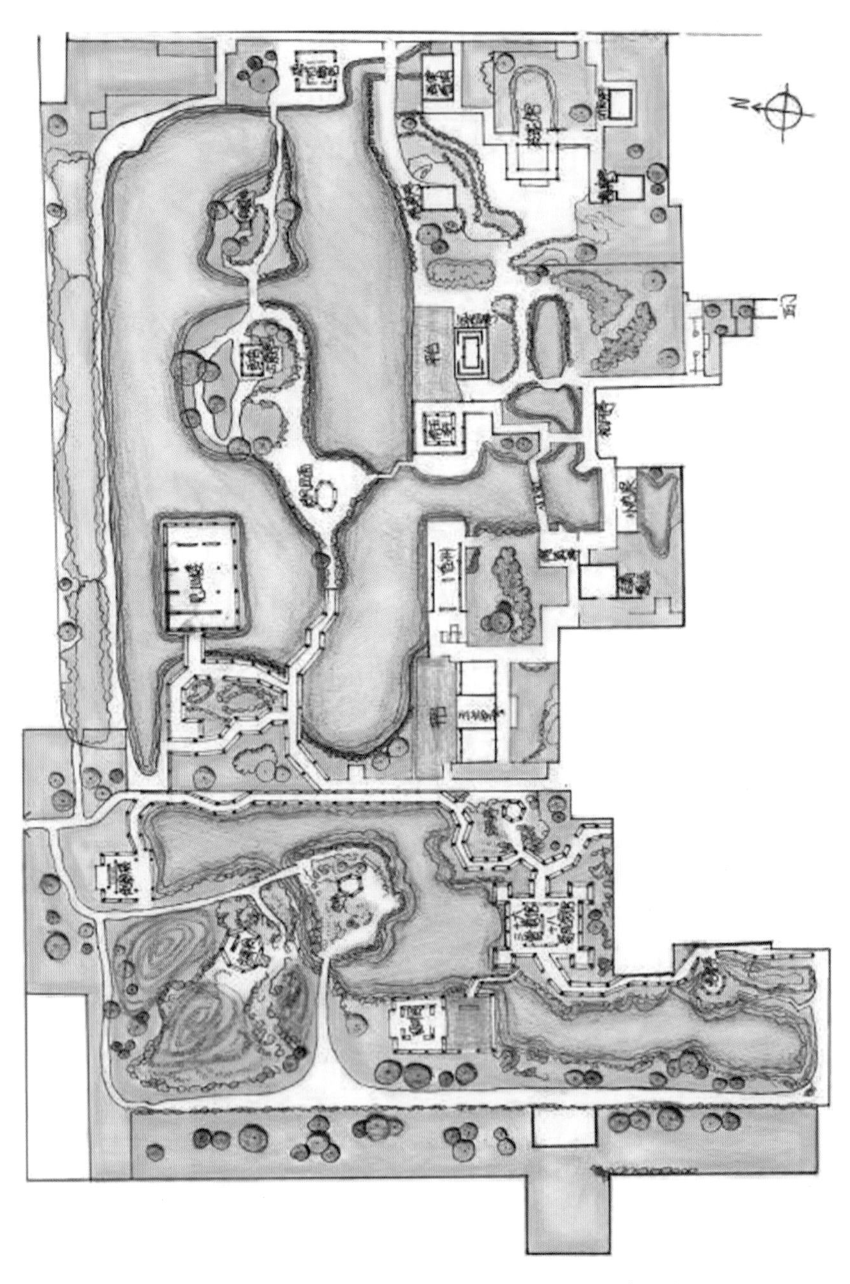

图8-55 学生作业五（作者：周莉萍 指导老师：贺思英）

【教师点评】 该作品临摹的是苏州拙政园平面图，采用彩铅表现，对图中建筑物和绿化做了简化处理，重点突出水体与建筑的关系。

本章小结

本章讲解了现代中式风格、欧式风格、现代轻奢风格三种常见的室内空间设计，并对建筑景观的线稿、上色和手绘方案图绘制进行了展开，希望学习者能够将室内手绘表现和室外手绘表现融会贯通。初学者需要在掌握理论技巧的同时进行大量的手绘练习。

参考文献

[1] 李磊.印象手绘：室内设计手绘教程[M].2版.北京：人民邮电出版社，2016.

[2] 王东.室内设计师职业技能实训手册[M].北京：人民邮电出版社，2015.

[3] 王玮璐.室内设计手绘表现实训[M].北京：中国建材工业出版社，2017.

[4] 娄开伦.AutoCAD建筑装饰装修工程制图[M].北京：科学出版社，2020.

[5] 罗周斌.室内手绘效果图[M].长沙：湖南大学出版社，2021.

[6] 黄春锋.住宅空间设计[M].2版.长沙：湖南大学出版社，2018.

[7] 凤凰空间·华南编辑部.室内设计风格详解[M].南京：江苏凤凰科学技术出版社，2017.

[8] 任菲，苏末，朱静洋.新中式家居设计与软装搭配[M].南京：江苏凤凰美术出版社，2020.